数検1級を めざせ

大学初年級問題解法の手引き

一松 信 著

現代数学社

はしがき

この本は2007年6月号から2008年11月号まで「理系への数学」(現在は「現代数学」) に連載した記事「数検1級をめざせ」をまとめて単行本化したものです．ただし連載の順でなく代数学関連，解析学関連，その他および過去の検定問題の一例の順に整理し，若干加筆しました．

連載記事を執筆した当時には，数学検定1級のための参考書がほとんどなかったので，学習者の便を計るつもりでした．その後かなり多くの参考書・学習書が刊行されました．私の手許にあるものだけでも，巻末の参考文献に挙げた書物があります．もっとも準1級以下と比べると，まだ少数かもしれません．

時代とともに出題傾向や内容にも変化があります．そのために昔の記事がどれだけこれからの受験者の参考になるのかは実の所不明です．特にこの本では，確率・統計関係が不十分なことは，筆者自身も気になる点です．しかし無理に加筆しようとしても，何かの教科書の丸写しになりかねないので，敢えて加筆しませんでした．

近年の出題傾向については，新規に執筆した第0章に若干記しましたが，できれば近年の出題をご参照下さることをお勧めします．併せて若干の私見を第0章にまとめました．

しかし必ずしも数学検定にこだわらず，大学初年級の線型代数学や微分積分学の入門問題集として，特にいくつかの解法の技法などで参考になる点があると思って，出版に踏み切りました．連載の折の順序を変えただけでなく，一部の記事をまとめ直して整理した部分もあります．なお個々の問題や解法について，特に数学検定協会外の方から個人的にいろいろ御教示を賜った個所が若干あります．しかし種々の事情により，謝詞を省いたことを記しておきます．

本書の出版を御容認下さった数学検定協会，並びに出版に当たって多大のお世話を賜った現代数学社・富田淳氏に厚く感謝申します．

令和 2 年 10 月　著者しるす

目次

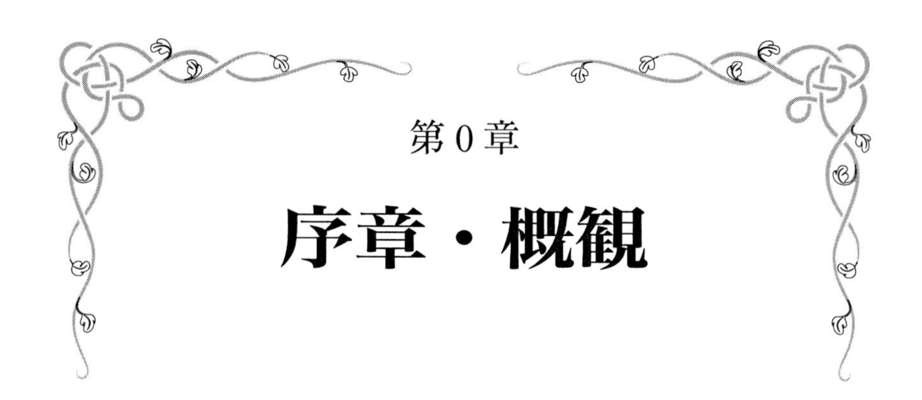

第0章
序章・概観

0.1 はじめに

実用数学技能検定（以下**数検**と略称）に関して，準1級（高校段階）以下には多くの学習書・問題集が出版されています．しかし1級（大学段階）は受験者が少ないために学習書が少なく，本書のもとの記事を雑誌に連載中には十年も前の本が主だったので，不満が多くありました．そのため最近の（当時の）資料に基づく解説を試みました．

もっとも微分積分学や線型代数学の基本を体系的に学ぶには，そのための学習書も多いので，主として過去問（実際に出題された問題）について分野別に解説する形をとりました．

私自身も当時は出題・採点に多少関係しておりましたので微妙な立場ですが，過去問の解説については数検協会から許可を得ました．1級の問題が中心ですが，一部関連した準1級の問題なども加えました．

現在1級の検定は年3回（4月，7月，10/11月が標準）実施されておりますので，出題された平成の年に従って（17年秋）などの形で出題された時期を示します．西暦年に換算するには，12を引いて2000を加えて下さい（平成17年なら17-12＋2000＝2005年）．今後の実施日や申し込み期日などについては，検定協会に直接問い合わせるか，ホームページを参照してください．

数検の出題方針も流動的ですが，1級は高専および大学理工系の基礎数学を目標としております．私個人としては，理工系大学出身の科学者・技術者にとって「常識」の範囲を目標とするものと考えています．各問題の難易度は（主観的ですが）星印1～3個で示しました．

0.2　1級受験者のために

余計なお節介かもしれませんが若干注意します．

数検は5級（中学1年相当）以上では1次（計算技能）と2次（数理技能）に分かれ，同日に（時間を変えて）実施しています．1次は答えのみ，2次は準2級以上では記述式解答です．

その当時2級以下では，どちらかというと1次に比べて2次の成績不良の傾向がありました．しかし「日本の学生は計算が得意だが応用に弱い」という通説（？）にはもっと詳しい考察が必要です．数学の技巧以前の日本語の読解力・表現力（数学独特の言い回しや論理的側面）の問題と疑われる節もあるからです．

当時の1級では逆に1次の成績の方が悪い傾向がありました．これは多分1次検定では広範囲にわたる計7問を1時間以内に解答するという制約のせいと思います．そのために数学の学習の面からいうと余り好ましい練習ではありませんが，反射神経を鍛え，厳密な考察・証明よりも，まず直感的に目の子で答の見当をつけるといった訓練も欠かせないようです．その種の考え方も若干述べる予定です．

受験技術の話になりますが，まず受験番号や選択問題の番号の書き誤りなど根本的なミスをしないように，そして全問を見渡して，易しそうな問題や自分の得意とする分野の問題を確実に解く心構えが必要です．2次には選択問題がありますので，易しそうな（あるいはできそうな）問題を選ぶ選択眼も欠かせません．解答欄（記入すべき位置）の誤りも案外多いので，その種の「初歩的ミス」で損をすることがないように注意しましょう．

計算用紙はありませんが，問題用紙の余白を使ってよいことになっています．その種の計算を消さないようという注意書きも載っています．2次では電卓使用可ですが，キーの押し誤りによる計算誤りの例もありました．平常から使用に慣れてください．この種の注意は挙げればきりがないので，この程度に留めます．

0.3　近年の出題傾向

巻末に揚げた問題集を見ると，ある程度の出題傾向が見えます．ここには検定の具体的な側面を若干記します．

1次では7問出題で，5問正解が一応の合格水準です．ただし1問が2個の設問からなり，おのおのが半分の得点と扱われるものもあります．内容では代数式の計算，行列式，微分積分学（微分方程式を含む），統計量（平均値や分散など）の計算，などはほぼ毎回出題されております．その他，複素数関連，整数解を求める不定方程式，3次元の座標幾何（ベクトルを含む）などもよく出題されております．

2次（数理）は2時間で，じっくり考えることを望みます．7問出題，うち2問が必須問題です．近年では，線型代数学関係と微分積分学関係が各1題というのが標準です．後者には（実質的に微分方程式の問題ですが）力学や電磁気学関連の問題が出題されたこともあります．

他の5問は選択問題で，そのうち2問（全体で4問）を解答することになっています．近年では出題分野がかなりパターン化されていて，大体次のような傾向があります．

代数学・整数論関係，解析学関連，図形に関する課題，統計学（仮説検定が主だが，線型回帰による推定なども）が各1問，その他の“ノンセクション”として広く数学関連の問題1問；この最後のものはパズル的な問題もあれば，専門の数学（群論など）の入門的課題もありました．難易度も平易から超難問まで，極めてバラツキが大きいようです．

解答は記述式で，部分点が与えられる場合が多く，全体として，4問解答のうち2問半正答が合格基準です．採点した経験でいうと，2問は正答したが，3問目が今一息で，結果的に不合格といった残念な方々がかなりありました．

選択問題のどれを選ぶかも，合否の分かれ目でしょう．一時期私はどれを選択したのかを調べて，地域別の統計をとってみたことがありました．結論は明確な差はなかった，という平凡な結果に終りました．ただ概して最初の問題を選ぶ傾向が強く，それが難問だとひどい結果（合格率が10%未満）

になった場合がありました．また問題文が長いと，その難易度に関わらず選択者が少ない傾向も見てとれました．是非とも最初の5分位を使って選択問題全部に一通り目を通し，自分の得意な分野，あるいは手のつきそうな問題を選んで下さい（どの問題でも配点は同一です）．特にノンセクションの課題の難易度に注意したほうがよいでしょう．

長文の問題の中には，問題の本質とは無関係な記述（例えば歴史的な研究史や関連話題）が長々と書かれている場合もあります．そうした設問のしかたに批判もありますが，「読解力」の検定（不必要な情報を捨てて本質的な部分だけを拾い出す能力）の意味で，筆者個人の意見としては，余り目くじらを立てない方がよいように思います．むしろ思わぬ“トリヴィア”を習ったと思って下されば幸いかもしれません．

0.4 本書の注意

以下最初の6章は一応分野別にまとめました．出題された平成の年度と，その時期を春（4月），夏（7月），秋（10月または11月）と示します．少数ながら検定に出題されていない関連問題も挙げました．1次，2次の区別もしていません．また準1級に出題された関連問題をとりあげたものもあります．団体受験と記したのは，年3回の一般（個人）受験のとき以外に，学校単位での団体検定（準1級以下）の折に出題された問題です．段位とあるのは，当時実施されていた，1

級合格でさらに上位を望む方々への特別な検定に出題された問題です．現在ではこれは廃止されています．

次の 2 章では，前 6 章以外の諸分野の問題や，若干の補充をしました．最後の章は平成 19 年春の 1 級 1 次検定に出題された各問題を個別に少し詳しく解説しました．

問題の難易度は星印 1 〜 3 個で示しました．大体

★　平易　　★★　標準的　　★★★　難問

と心得て下さい．但し検定に出題され，私自身が採点にたずさわった問題については，その折の正答率も加味しました．したがって，うまく考えれば暗算でも解けるような問題を星 1 個としたり，標準的と思う問題を星 2 個としたものがあります．もちろんこれは主観的な判断で，個人差もありますから，個々の問題に対して違和感をもたれる読者の方々も多いと思います．その点は御容赦下さい．

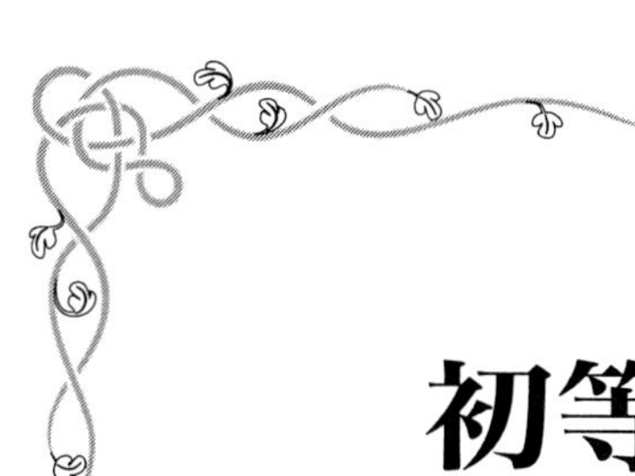
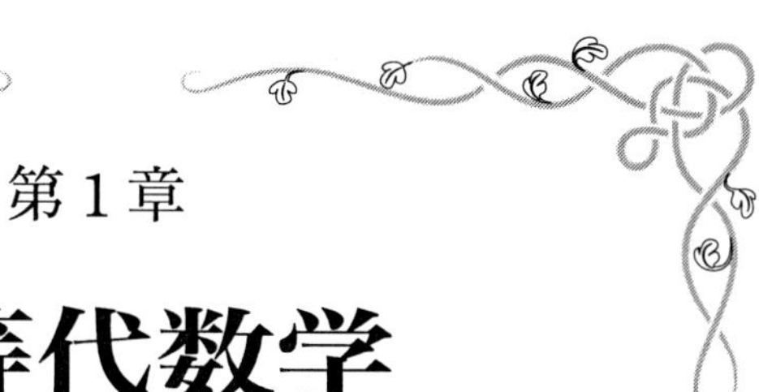

第1章 初等代数学

1.1 無理数の計算

問題 1.1 $\sqrt[3]{45+29\sqrt{2}}+\sqrt[3]{45-29\sqrt{2}}$ を簡単にせよ.

（17年夏；★★）

（解） 私が受験生なら，まず数値を（暗算で）概算します．$41/29$ が $\sqrt{2}$ のよい近似値なので，$29\sqrt{2}\doteqdot 41$ とすると，ほぼ

$$\sqrt[3]{86}+\sqrt[3]{4}\doteqdot 4.4+1.6=6$$

と見当がつきます（少々異端的？）．実際

$$(3\pm\sqrt{2})^3=45\pm 29\sqrt{2}\quad（複号同順）$$

なので，与式は正しく $3+\sqrt{2}+3-\sqrt{2}=6$ です． □

しかしこれは少々飛躍しすぎです．オーソドックスな解法は，与式を x とおいて，3次方程式に戻す方法です．

$$x^3=45+29\sqrt{2}+45-29\sqrt{2}+3\ \sqrt[3]{45^2-(29\sqrt{2})^2}\,x$$

ですが，末尾の根号内を $2025-1682=343=7^3$ と正しく計算できれば，与式は 3 次方程式

$$x^3-21x-90=0 \tag{1}$$

の実数解です．(1) は $x=6$ を一つの解とし，他の解は

(1) の左辺 $=(x-6)(x^2+6x+15)$ から

$$x=-3\pm\sqrt{6}\,i$$

と複素数になりますので，$x=6$ が正しい解です．□

与式は 3 次方程式 (1) を形式的にタルタリア・カルダノの解法で解いた式に相当します．類題がしばしば出題されています．

1.2 因数分解

問題 1.2 次の式を展開整理して因数分解せよ．

$$(x+y+z+x^2+y^2+z^2+xy+yz+zx-xyz)^2$$
$$+(1-x^2-y^2-z^2+2xyz)(1+x+y+z)^2$$

(17 年秋；★★)

(解) 出典は球面三角法のある公式で $\cos^2\theta+\sin^2\theta$ の形の式の一部です．対称式なので基本対称式

$$s=x+y+z,\quad t=xy+yz+zx,\quad p=xyz$$

によって置き換えると，与式は

$$(s+s^2-t-p)^2+(1-s^2+2t+2p)(1+s)^2$$
$$=[s(1+s)-(t+p)]^2+[(1-s^2)+2(t+p)](1+s)^2 \tag{2}$$

となります．これをうまく展開整理すると

$$
\begin{aligned}
(2) &= s^2(1+s)^2 - 2s(1+s)(t+p) + (t+p)^2 \\
&\qquad + (1-s^2)(1+s)^2 + 2(t+p)(1+s)^2 \\
&= (1+s)^2(s^2+1-s^2) + 2(1+s)(t+p)(1+s-s) \\
&\qquad + (t+p)^2 \\
&= (1+s)^2 + 2(1+s)(t+p) + (t+p)^2 \\
&= (1+s+t+p)^2 \qquad (3)
\end{aligned}
$$

となります．しかし (3) でやめては不完全です．

$$
\begin{aligned}
1+s+t+p &= 1+x+y+z+xy+yz+zx+xyz \\
&= (1+x)(1+y)(1+z)
\end{aligned}
$$

ですから，正しい答えは $(1+x)^2(1+y)^2(1+z)^2$ です．　□

(3) の形で止めた解答が多かったと聞いています (部分点を与えたようですが)．上のようにうまくまとめれば見かけよりも簡単で，こういった技法も必要でしょう．

問題 1.3　$x^{14}+x^7+1$ を実数の範囲で因数分解せよ．

(18 年夏；★★★)

出題者が用意した解答は

$$
(x^2+x+1)(x^{12}-x^{11}+x^9-x^8+x^6-x^4+x^3-x+1) \qquad (4)
$$

でしたが，これは正しい答ではありませんでした．―整数または有理数の範囲というのなら正しいが．―質問もあって実数の範囲での本当の答は下記の (7) であることがわかりました．(4)，(7) の両方とも正解としたようです．出題の不備にはその後一層の注意を払ったようです．

この問題の伏線は次の問題です．先にそれを解きます．

問題 1.4　p が正の整数で 3 の倍数でないとき，

$x^{2p}+x^{p}+1$ は x^2+x+1 で割り切れることを証明せよ．

（17年秋；★）

（解）　これは $x^2+x+1=0$ の複素数解である．

$$\omega=\frac{-1+\sqrt{3}\,i}{2},\quad \omega^2=\frac{-1-\sqrt{3}\,i}{2}\quad (\omega^3=1)$$

を $x^{2p}+x^{p}+1$ に代入して 0 になることを確かめればよい（因子定理）のです（成績もよかった）．

ただし，実数体上の多項式環がユークリッド整域であり，因数分解の「一意性定理」が成立することを使えば，次のように実数の世界で問題 1.4 が証明できます．

$$(x^{2p}+x^{p}+1)(x^{p}-1)=x^{3p}-1$$
$$=(x^3-1)(x^{3p-3}+x^{3p-6}+\cdots+x^6+x^3+1) \tag{5}$$

であり，$x^3-1=(x-1)(x^2+x+1)$ ですから (5) の左辺は x^2+x+1 で割り切れます．しかし p が 3 の倍数でないので，$p=3n+1$ か $3n+2$（n は整数）であり

$$x^{p}-1=(x^{3n+j}-x^{3n})+(x^{3n}-1)\quad(j=1 \text{ または } 2)$$

です．$x^{3n}-1$ は x^2+x+1 で割り切れますが，$x^{3n}(x^{j}-1)$（$x-1$ または x^2-1）は x^2+x+1 で割り切れません．実数係数で既約な x^2+x+1 は $x^{p}-1$ と互いに素です．したがってこの式は (5) の左辺の他の因子 $x^{2p}+x^{p}+1$ を割り切らなければなりません．　□

【問題 1.3 の解】

これから問題 1.3 の与式が x^2+x+1 を因子とすることがわかりますが，それで割って安心してはいけません．

与式は x^7-1 を掛ければ $x^{21}-1$ になるので，1 の原始 21 乗根を

$$\alpha=\cos\frac{2\pi}{21}+i\sin\frac{2\pi}{21}$$

とおくと，$(x-\alpha^k)$ の $k=1\sim20$ のうち 3 の倍数を除いた 14 個の積に因数分解されます（α^3 は $x^7-1=0$ の解）．α^k で k と $21-k$ の対は共役複素数の組なので，両項の積は実数を係数とする 2 次式

$$x^2-2\cos\frac{2k\pi}{21}x+1 \tag{6}$$

になります．与式は，(6) で $k=1,2,4,5,7,8,10$ とした 7 個の 2 次式の積に因数分解されます．このうち $k=7$ に対応する項は，余弦が $\cos(2\pi/\beta)=-1/2$ になって，(6) が x^2+x+1 と表される（$\alpha^7=\omega$, $\alpha^{14}=\omega^2$）ので，答えを次のように書くのがよいでしょう．

$$(x^2+x+1)\times\prod\left(x^2-2\cos\frac{2k\pi}{21}x+1\right) \tag{7}$$

ここで積は $k=1,2,4,5,8,10$ の 6 項．　□

(4) の後の 12 次式は「実数の範囲」では既約でなく，さらに (7) の後の項のような 6 個の 2 次式の積に因数分解できるのです．

因数分解は代数方程式を解くときに有用です．以下必要な場面でさらに補充します．

1.3 代数方程式

多数の問題がありますが，易しい例と難しい例を一つずつ挙げます．

問題 1.5 次の連立代数方程式を複素数の範囲で解け．

$$\begin{cases} x^3+xy+y^3=11 \\ x^3-xy+y^3=7 \end{cases}$$

(18 年秋；★)

(解) これが和と差をとった次の方程式系と同値なことは明らかです．

$$\begin{cases} x^3+y^3=9 \\ xy=2 \end{cases} \tag{8}$$

この解としてすぐに $\{x, y\}=\{2, 1\}$ が思い当たりますが，複素数の範囲では他にも解があります．それらを全部求めるには，(8) の第 2 式を 3 乗して $x^3y^3=8$ とし，x^3 と y^3 に関する方程式とします．2 次方程式 $t^2-9t+8=(t-1)(t-8)=0$ の解 $t=1, 8$ が x^3, y^3 ですが，うまくまとめる必要があります．

1 の原始 3 乗根の一つを

$$\omega=\frac{-1+\sqrt{3}\,i}{2} \quad \left(\omega^2=\frac{-1-\sqrt{3}\,i}{2}\right)$$

とおくと，$x^3=1$ の解は $x=1, \omega, \omega^3$, $x^3=8$ の解は $2, 2\omega, 2\omega^2$ です．対応する y を $xy=2$ を満たすようにまとめると，次の表のような 6 組になります (上下の組が解)：

x	2	2ω	$2\omega^2$	1	ω	ω^2
y	1	ω^2	ω	2	$2\omega^2$	2ω

解が6通りなのは，(8) が3次式と2次式の組ですから，$6 = 3 \times 2$ で合理的と思います．

当然のことですが，連立方程式の解は (x, y) の組として記述しなければなりません．したがって (x, y) の対として答えを

$$(x, y) = (2, 1), (1, 2), (2\omega, \omega^2), (2\omega^2, \omega), (\omega, 2\omega^2), (\omega^2, 2\omega)$$

と書くのがよいでしょう．$x = 1, \omega, \omega^2, 2, 2\omega, 2\omega^2$; $y = 2, 2\omega^2, 2\omega, 1, \omega^2, \omega$ と書いたのでは，x, y の対応を正しく示していないので，誤りといってもよいでしょう．

問題 1.6　$x^4 + x^3 - 4x^2 - 4x + 1 = 0$ を解け．

（18 年段位；★★★）

さすがにこれだけでは難問なので，次のような注（ヒント）がついていました．

この方程式は -2 と $+2$ の間に4個の実数解をもち，その各々が $2\cos\theta_k$，θ_k は $90°$ と有理数比の角，と表される．答は $2\cos\theta_k$（θ_k は $0°$ と $180°$ の間に標準化）の形で求めよ．

これはある高次元立体に対する「固有方程式」に相当し，解が $2\cos\theta_j$ と表されて θ_j が $90°$ と有理数比という性質が，有限の（対称性の高い）多面体であることを保証します．

試験問題でなければコンピュータで近似解 x_k を求めて，$\arccos(x_k/2) = \theta_k$ を計算するとよいでしょう（一種のカンニング？）．やってみたら表1.1のようになりました．誤差が

現れましたが，右端のような値と推定できます．そうすれば $x=2\cos\theta_k$ が与式を満足することを確かめれば済みます（但しこの計算は易しくない）．角は度単位で表しました．

表 1.1　問 1.6 の数値解

番号 k	x_k	$\arccos(x_k/2)$	θ_k 推定値
1	1.956295	12.00000	12
2	0.209057	84.00000	84
3	−1.338261	131.99999	132
4	−1.827091	155.99998	156

実際 $\cos 5\theta$ を $\cos\theta$ で表す公式を活用して，与式を簡略化できます．但し 5θ の値を求めてもその 1/5 がどのような角かを正しく判定しないと，誤った答えをえます（問題 7.9 で類似の失敗をした解答がありました）．「無縁解」の吟味は予想外に難しい場合があります．もとの方程式に代入して（数値的に）ほぼ 0 になるのを調べる検算が不可欠ですが，それには方程式を解くのに匹敵する手間がかかることもあります．

【問題 1.6 の解】　以下では正面から**フェラリの解法**で解いてみます．それは（いくつかの変種がありますが）本質的には $x^2=y$ とおき，x^2 の項を助変数 λ を加えて x^2 と y の項に分け，4 次式を x, y の 2 次式にして，それが x, y の 1 次式の積に因数分解できるように工夫する方法です．与式を

$$y^2+xy-\lambda x^2-(4-\lambda)y-4x+1=0 \tag{9}$$

と変形し，その「係数行列式」を

$$\begin{vmatrix} 1 & 1/2 & \lambda/2-2 \\ 1/2 & -\lambda & -2 \\ \lambda/2-2 & -2 & 2 \end{vmatrix} = \frac{1}{4}\begin{vmatrix} 4 & 1 & \lambda-4 \\ 1 & -\lambda & -2 \\ \lambda-4 & -2 & 1 \end{vmatrix}$$

（第１行，第１列を２倍する）

として，これを 0 とおいた方程式を作ると（可約の条件）

$$\lambda(\lambda-4)^2-4(\lambda-4)-4\lambda-16-1=0$$

です．この左辺は $\lambda^3-8\lambda^2+8\lambda-1=(\lambda-1)(\lambda^2-7\lambda+1)$ とまとめられ, 3 個の実数解 $\lambda=1,\ (7\pm3\sqrt{5})/2$ をもちます．

最も簡単な $\lambda=1$ を採用すると, (9) の左辺は

$$y^2+xy-x^2-3y-4x+1$$

となります．黄金比の定数

$$\tau=\frac{\sqrt{5}+1}{2},\quad \tau^{-1}=\frac{\sqrt{5}-1}{2},\quad \tau^2+\tau^{-2}=3$$

を活用すると，これは

$$(y+\tau x-\tau^{-2})(y-\tau^{-1}x-\tau^2)$$

と因数分解できます．つまり与式は 2 個の 2 次方程式

$$\begin{cases} x^2+\tau x-\tau^{-2}=0 & (10) \\ x^2-\tau^{-1}x-\tau^2=0 & (11) \end{cases}$$

に分解されます．(10) の解は

$$x=\frac{1}{2}\left(-\tau\pm\sqrt{\tau^2+4\tau^{-2}}\right)$$

ですが，$\tau^2+4\tau^{-2}=3(1+\tau^{-2})=3\times\dfrac{5-\sqrt{5}}{2}$ と表され,

$$\frac{x}{2}=-\frac{1}{2}\times\frac{\sqrt{5}+1}{4}\pm\frac{\sqrt{3}}{2}\times\frac{\sqrt{10-2\sqrt{5}}}{4} \tag{12}$$

となります． $\cos 36^\circ=\dfrac{\sqrt{5}+1}{4}$, $\sin 36^\circ=\dfrac{\sqrt{10-2\sqrt{5}}}{4}$ を知っていれば, (12) は

$$\cos 120^\circ\cdot\cos 36^\circ\pm\sin 120^\circ\cdot\sin 36^\circ$$

$$=\cos(120^\circ\mp36^\circ)=\cos 84^\circ \text{ と } \cos 156^\circ$$

となります．同様に (11) の解は

$$\begin{aligned} x &= \frac{1}{2}(\tau^{-1} \pm \sqrt{\tau^{-2} + 4\tau^{2}}) \\ &= \frac{1}{2}\left(\tau^{-1} \pm \sqrt{3} \times \sqrt{\frac{5+\sqrt{5}}{2}}\right), \\ \frac{x}{2} &= \frac{1}{2} \times \frac{\sqrt{5}-1}{2} \pm \frac{\sqrt{3}}{2} \times \frac{\sqrt{10+2\sqrt{5}}}{4} \\ &= \cos 60^\circ \cdot \cos 72^\circ \pm \sin 60^\circ \cdot \sin 72^\circ \\ &= \cos(60^\circ \mp 72^\circ) = \cos(-12^\circ) \text{ と } \cos 132^\circ \end{aligned}$$

です．$\cos(-12^\circ) = \cos 12^\circ$ ですから，所要の解は

$$2\cos 12^\circ,\quad 2\cos 84^\circ,\quad 2\cos 132^\circ,\quad 2\cos 156^\circ$$

の４個です．$12^\circ = 360^\circ/30$ を単位とすると，この角がその１，７，11，13 倍（30 と互いに素な数）になっているのは偶然ではありません，もとの「多面体」と密接した理由がありますが，その種の裏話は不問にします．

但し黄金比の数 τ を活用してこのようにうまく計算を進めるには，多少の練習が必要かもしれません．

問１.６は余り自明ではない４次方程式の例なので，他の解法（例えばラグランジュの方法やオイラーの方法）を習った折りに適用してみるとよいかもしれません．例えば巻末の文献 [9] の第４話とその解答を参照下さい．なおそこの設問４は問題１.６と本質的に同じ（定数倍の違い）課題です．

問１.６はかなり難問です．これができなかったからといってくじける必要はありません．

代数学関連では他にも不定方程式（整数解を求める），漸化式，級数の和，不等式の証明など多彩な出題があります．その一部を後述します．

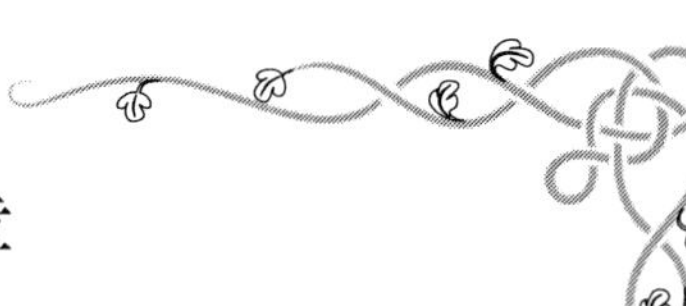

第2章

線型代数学

この章では線型代数学のやや理論的な諸問題を扱います．

2.1 1次変換

問題 2.1 (x, y) 平面上で，直線 $y = 2x$ に対する対称変換を，1次変換として表す行列を求めよ．

（18年秋，準1級；★）

答は $\dfrac{1}{5}\begin{bmatrix} -3 & 4 \\ 4 & 3 \end{bmatrix}$ です（行列式は-1）．

（解） 解法はいろいろ考えられますが，少しずるい（?）やり方を挙げましょう．

行列を $A = \begin{bmatrix} a & b \\ c & d \end{bmatrix}$ とおきます．まず直線 $y = 2x$ 上の点 $\begin{bmatrix} 1 \\ 2 \end{bmatrix}$ は動きませんから

$$a + 2b = 1, \quad c + 2d = 2 \qquad \cdots(1)$$

をえます．次にこの点を通って $y = 2x$ に垂直な直線の方程式

は $x+2y-5=0$ であり，x 軸との交点は $(5,0)$ です．その点が $(1,2)$ に対する対称点 $(-3,4)$ に移りますから

$$5a=-3,\quad 5c=4 \qquad \cdots(2)$$

をえます．(1), (2) を解いて直ちに A の各成分

$$a=-\frac{3}{5},\quad b=\frac{4}{5},\quad c=\frac{4}{5},\quad d=\frac{3}{5}$$

をえます．□

$\begin{bmatrix}1\\2\end{bmatrix}$ が固有値1に対する固有ベクトルだから $(a-1)\times(d-1)=bc$ とか，裏返しの合同変換なので $ad-bc=-1$ などから $a+d=0$ という補助の情報も出ます．概してこの種の問題は特別な点の像を考えるのが早道です．やり方はともかく成績はよかったようです．

2.2 逆行列（の一例）

問題 2.2　A,B を n 次正方行列，I,O をそれぞれ同じ大きさの単位行列，零行列とする．次の $3n$ 次正方行列の逆行列を A,B で表せ．（17年秋；★）

$$\begin{bmatrix} I & A & O \\ O & I & B \\ O & O & I \end{bmatrix} \qquad \cdots(3)$$

答は $\begin{bmatrix} I & -A & AB \\ O & I & -B \\ O & O & I \end{bmatrix}$ です．

（解） 行列 (3) が上三角行列なので逆行列もそうです．ブロックの $(1,2)$ 成分，$(2,3)$ 成分が $-A, -B$ であることはすぐにわかります．$(1,3)$ 成分を C とおくと，積の $(1,3)$ 成分 $= O$ から

$$C - AB = O \quad \text{すなわち} \quad C = AB$$

がわかります．これから上記の答が出ます．それが実際に逆行列であることは直接に検算できます．□

この問題は，近年の計算量の理論において，行列の積の計算量が実質的に逆行列の計算量と等量であることを示すための手法として提出されたものです．成績はよかったようですが，誤答はブロックの $(1,3)$ 成分を誤ったものが多かったようです．

2.3 行列式（の一例）

行列式の計算は次章で詳しく論じますが，ここに一例を挙げます．

問題 2.3 A, B, C, D を n 次正方行列とする．$2n$ 次行列 $\begin{bmatrix} A & B \\ C & D \end{bmatrix}$ を作り，行列式を det で表す．

(i) $n \geqq 2$ のとき $\det\begin{bmatrix} A & B \\ C & D \end{bmatrix} = \det[AD - CB]$ $\cdots(4)$

は必ずしも成立しない．そのような反例を挙げよ．

(ii) 行列 A と C とが交換可能なときには (i) の公式 (4) は正しい．そのことを証明せよ．（17 年春；★★）

2行2列の行列しか知らない方が多い(?)せいか，(4)のような誤りがそれ以前に余りに多かったので，出題者が腹を立てた(?)のでしょうか．それにもかかわらず(4)が正しい場合もあるというのが，(ii)としての注意です．

この解答で珍答(?)がありました．A と C とが「交換可能」という意味を誤解したのかそれとも苦しまぎれなのか，$2n$ 次行列の A と C とを**交換**して

$$\begin{bmatrix} A & B \\ C & D \end{bmatrix} = \begin{bmatrix} C & B \\ A & D \end{bmatrix} \quad (\text{結果的に } A = C)$$

として論じた解答です(これでは問題が自明になります)．

行列 A と C とが**交換可能**とは，積の**交換法則**

$$AC = CA$$

が成立するという意味です．しかし当然そういう意味だと思い込んでいる(?)のは数学者の独善(?)ないし用語の省略のしすぎかもしれません．私が「日本語の読解力」と強調するのは，この種の専門用語の正しい理解と使用のつもりです．

【問題 2.3 の解】　(i)の反例はいろいろできます．A と C とが交換可能でないように工夫します．例えば

$$A = \begin{bmatrix} 1 & 1 \\ 2 & 0 \end{bmatrix},\ B = \begin{bmatrix} 1 & 0 \\ 0 & 1 \end{bmatrix},\ C = \begin{bmatrix} 1 & 2 \\ 1 & 0 \end{bmatrix},\ D = \begin{bmatrix} 0 & 1 \\ 1 & 0 \end{bmatrix}$$

とすると

$$\det \begin{bmatrix} A & B \\ C & D \end{bmatrix} = 1,$$

$$\det [AD - CB] = \det \left(\begin{bmatrix} 1 & 1 \\ 0 & 2 \end{bmatrix} - \begin{bmatrix} 1 & 2 \\ 1 & 0 \end{bmatrix} \right) = -1$$

となって等しくありません．　□

(ii)の証明　まず A が可逆(A^{-1} が存在する；通例，正則

とか非特異という）と仮定します．I, O をそれぞれ単位行列，零行列とし，消去法の原理にならって

$$\begin{bmatrix} I & O \\ -CA^{-1} & I \end{bmatrix}\begin{bmatrix} A & B \\ C & D \end{bmatrix} = \begin{bmatrix} A & B \\ O & D-CA^{-1}B \end{bmatrix} \quad \cdots(5)$$

を作ります．(5) の最初の行列式は 1，右辺の行列式は

$$\det[A]\times\det[D-CA^{-1}B] = \det[AD-ACA^{-1}B] \quad \cdots(6)$$

と表されます．ここでもし $AC=CA$（交換可能）ならば，

$$ACA^{-1}B = CAA^{-1}B = CB$$

となり，(6) は $\det[AD-CB]$ と等しくなって (4) が成立します．A が可逆でないときは，行列式が A の成分について連続関数であることに注意し A を $CA=AC$ を満足して可逆であるように変化させて (例えば $A+\varepsilon I$, $|\varepsilon|$ が十分小さい実数)，そのとき (4) を示し，その極限としてやはり (4) そのものが成立する，と論ずればよいでしょう．　□

平易な問題と思いますが，成績は期待以下（特に（ii）の証明が）だったようです．

2.4　行列の平方根

正方行列 A に対して $B^2=A$ を満足する行列 B があれば，それを A の**平方根**とよんでもよいでしょう．但し行列の平方根は一般には無限にあります．そのうち他の条件を付加した平方根の一例を挙げましょう．

問題 2.4　$A=\begin{bmatrix}8&2\\2&5\end{bmatrix}$とする．行列$A$の平方根で対称行列であるものをすべて求めよ．　(18年秋；★)

(解 1)　Aを対角化し，対角線成分の平方根をとってもとに戻す最もオーソドックスな（但し手間のかかる）方法により，ひとまず計算してみます．Aの固有方程式は

$$\lambda^2-13\lambda+36=(\lambda-9)(\lambda-4)=0$$

で固有値は9と4，対応する固有ベクトルは

$$\frac{1}{\sqrt{5}}\begin{bmatrix}2\\1\end{bmatrix},\quad \frac{1}{\sqrt{5}}\begin{bmatrix}1\\-2\end{bmatrix}\ \text{(正規直交化して)}$$

です．直交行列$U=\dfrac{1}{\sqrt{5}}\begin{bmatrix}2&1\\1&-2\end{bmatrix}$により$U^{-1}AU$を作ると(途中の計算略) $\begin{bmatrix}9&0\\0&4\end{bmatrix}$になります．したがって求める「対称な平方根」は，9と4の平方根をとって

$$\frac{1}{5}\begin{bmatrix}2&1\\1&-2\end{bmatrix}\begin{bmatrix}\pm3&0\\0&\pm2\end{bmatrix}\begin{bmatrix}2&1\\1&-2\end{bmatrix}\ \text{(複号は全組合わせ)}$$

として計算できます．ここで中央を(3，2)あるいは(3，−2)ととればそれぞれ

$$\frac{1}{5}\begin{bmatrix}14&2\\2&11\end{bmatrix},\quad \begin{bmatrix}2&2\\2&-1\end{bmatrix}$$

となり，$(-3,-2)$，$(-3,2)$ととった場合はこれに負号をつけた行列になります．結局答えは次の4個です．

$$\begin{bmatrix}2&2\\2&-1\end{bmatrix},\begin{bmatrix}-2&-2\\-2&1\end{bmatrix},$$

$$\begin{bmatrix}14/5&2/5\\2/5&11/5\end{bmatrix},\begin{bmatrix}-14/5&-2/5\\-2/5&-11/5\end{bmatrix}\qquad\cdots(7)$$

選択問題であり，選択した者は少数でしたが，よくできていました．但し多くの方は次のような直接の計算で解答していました．

（解 2）　$B = \begin{bmatrix} a & b \\ b & d \end{bmatrix}$ とおきます．$B^2 = A$ から a, b, d に関する 3 元方程式をえます．それを直接解くのは難しいが

$$\det B = ad - b^2, \quad (\det B)^2 = \det A = 36$$

から $ad - b^2 = \pm 6$．そして (ケイリー・ハミルトンの定理を知っていれば容易だが) 関係式

$$A = B^2 = (a+d)B - (ad - b^2)I$$

が成立し，$ad - b^2 = \pm 6$ に応じて

$$(a+d)B = \begin{bmatrix} 14 & 2 \\ 2 & 11 \end{bmatrix} \quad \text{または} \quad \begin{bmatrix} 2 & 2 \\ 2 & -1 \end{bmatrix}$$

です．右辺の行列の 2 乗を計算して A と比較すれば，それぞれ

$$(a+d)^2 = 25 \quad \text{または} \quad (a+d)^2 = 1$$

です．この平方根で割って，最終的に前述の 4 個の解 (7) をえます．　□

2 次正定符号対称行列の対称な平方根は，解 2 の考え方で計算できます．この方がかえって早いかもしれません．

なお後に，直接に正定符号対称行列 A の平方根 (対称行列) を求める課題ではないが，証明の途中に平方根の計算が補助に必要だった (但し一つの特殊解で十分) 問題がありました．やはり一応学習しておいた方がよいと思います．

2.5 固有値問題

問題 2.5　次の行列の固有値とそれに対応する固有ベクトルを求めよ．

$$A = \begin{bmatrix} 0 & 1 & 2 & 3 \\ 1 & 0 & 1 & 2 \\ 2 & 1 & 0 & 1 \\ 3 & 2 & 1 & 0 \end{bmatrix} \qquad \text{(17 年秋；　★★)}$$

但しこれに次のような「ヒント」がついていました：

a, b を適当な定数とするとき A は次の形の固有ベクトルをもつ：

$$\boldsymbol{a} = \begin{bmatrix} a \\ 1 \\ 1 \\ a \end{bmatrix}, \quad \boldsymbol{b} = \begin{bmatrix} b \\ 1 \\ -1 \\ -b \end{bmatrix}$$

この定数 a, b の値とベクトル $\boldsymbol{a}, \boldsymbol{b}$ に対する固有値を求めよ．さらにそれに基づいて A の固有多項式を求めよ．

なお，この A の行列式の計算（答は -12）が，単独に 17 年春に出題されています．

固有値というと代数方程式に展開して計算することしか考えない (?) のは片手落ちで，直接に本来の定義

$$A\boldsymbol{a} = \lambda\boldsymbol{a}, \quad \boldsymbol{a} \neq 0$$

に立ち返って考えろという気持ちでしょうか．

（解）　$A\boldsymbol{a}$ の成分は順次 $(3a+3,\ 3a+1,\ 3a+1,\ 3a+3)$ だか

ら，これが $\boldsymbol{a}$ の成分に比例するとして

$$\lambda = 3a+1, \quad \lambda a = 3a+3$$

と表されます．これから $3a+3=a(3a+1)$，整理して

$$3a^2-2a-3=0, \quad a=\frac{1}{3}(1\pm\sqrt{10}),$$
$$\lambda = 3a+1 = 2\pm\sqrt{10}$$

です．同様に $A\boldsymbol{b}$ の成分は順次 $(-3b-1,\ -b-1,\ b+1,\ 3b+1)$ であり，これが $\boldsymbol{b}$ の成分に比例するとして

$$\mu = -b-1, \quad -\mu b = 3b+1$$

です．これから $b(b+1)=3b+1$ であり，整理して

$$b^2-2b-1=0, \quad b=1\pm\sqrt{2},$$
$$\mu = -b-1 = -2\mp\sqrt{2}$$

です．以上をまとめて次の答えをえます．

$$\begin{matrix} 2+\sqrt{10} & 2-\sqrt{10} & -2-\sqrt{2} & -2+\sqrt{2} \\ \begin{bmatrix}(1+\sqrt{10})/3\\1\\1\\(1+\sqrt{10})/3\end{bmatrix} & \begin{bmatrix}(1-\sqrt{10})/3\\1\\1\\(1-\sqrt{10})/3\end{bmatrix} & \begin{bmatrix}1+\sqrt{2}\\1\\-1\\-1-\sqrt{2}\end{bmatrix} & \begin{bmatrix}1-\sqrt{2}\\1\\-1\\-1+\sqrt{2}\end{bmatrix}\end{matrix}$$

いずれも最上行が固有値で，その下が（正規化されていない）固有ベクトルです．4 個の固有ベクトルが互いに直交していることに注意してください．

固有方程式は，これら 4 個の固有値を解とする 4 次方程式で，次のとおりです（解と係数の関係による）．

$$(\lambda^2-4\lambda-6)(\lambda^2+4\lambda+2)=0 \quad \text{すなわち}$$

$$\lambda^4-20\lambda^2-32\lambda-12=0 \qquad \cdots(8) \quad \square$$

これから $\det(A) = -12$ がわかります．

直接に $\det(A-\lambda I)$ を展開して (8) を求めること，さらにそれを2次式の積に因数分解して解く，あるいはオイラーの解法で解くことは，よい演習問題ですが，かなりの計算を要します．ここに示したような行列の特殊な形から固有ベクトルを予測して逆に固有値を求める手法は，有用ですが限られた場合にしか使えません．成績はわりあいよかったようですが，直接に固有方程式 (8) だけを計算して，それを答えとした（立往生した？）解答もかなりあったようです．

2.6　行列の反復

行列 A の累乗 A^n の計算は確率過程などへの応用が広く重要な課題です．しかしもとの記事を書いた当時は，しばらく出題されていませんでしたので，ここでは当時の通信教育用教材からの問題を解説します．

問題 2.6　行列 $A = \dfrac{1}{5}\begin{bmatrix} 13 & 2 \\ 3 & 12 \end{bmatrix}$ に対して，A^n を求めよ．

(★★)

(解 1)　固有方程式は $\lambda^2 - 5\lambda + 6 = 0$，固有値は2と3で，それぞれに対応する固有ベクトル（正規化されていない）として

$$\begin{bmatrix} 2 \\ -3 \end{bmatrix} \text{と} \begin{bmatrix} 1 \\ 1 \end{bmatrix}, \quad P = \begin{bmatrix} 2 & 1 \\ -3 & 1 \end{bmatrix} \qquad \cdots(9)$$

をとることができます．A が対称でないために固有ベクトルは直交していませんが，$P^{-1}AP$ を計算すると，固有値 2，3 を成分とする対角行列になります．したがって

$$\begin{aligned} A^n &= P\begin{bmatrix} 2^n & 0 \\ 0 & 3^n \end{bmatrix}P^{-1} \\ &= \frac{1}{5}\begin{bmatrix} 3^{n+1}+2^{n+1} & 2(3^n-2^n) \\ 3(3^n-2^n) & 6(3^{n-1}+2^{n-1}) \end{bmatrix} \qquad \cdots(10) \end{aligned}$$

となります．途中の計算を省略しましたが，それらは行列計算の簡単な演習問題です．　□

（解 2）　上記がオーソドックスな解法ですが，2 次行列に対しては次のような方法が早いこともあります．

$A^2 = 5A - 6I$ であり，順次 A を掛けて A^2 をこの式で還元すれば，$A^n = a_nA + b_nI$ と表されます．係数列は

$$a_{n+1} = 5a_n + b_n, \quad b_{n+1} = -6a_n$$

という漸化式を満たし，$b_n = -6a_{n-1}$ を代入すると

$$a_{n+1} - 5a_n + 6a_{n-1} = 0, \ a_1 = 1, \ a_2 = 5 \qquad \cdots(11)$$

という漸化式になります．(11) の解は標準的な方法で

$$a_n = 3^n - 2^n, \quad b_n = 6(2^{n-1} - 3^{n-1})$$

です．これを $A^n = a_nA + b_nI$ に代入して整理すれば，(10) の右辺をえます．　□

この問題に対し，A^2, A^3 を計算して全体の結果（(10) の右辺）を予測し，それが正しいことを数学的帰納法によって証明した豪傑 (?) がいました．正しく予測して正しく証明し

ていましたので，完全に正しい解答ですが，余りお勧めしません．予測を誤って立往生という解答がよくあるからです．もっとも私自身もよく類似の計算をしています．

2.7 連立一次方程式

問題 2.7　a, b, c が相異なる実の定数で，$a+b+c \neq 0$ のとき，x, y, z に関する次の連立一次方程式を解け．

$$\begin{cases} ax+by+cz=a \\ bx+cy+az=b \\ cx+ay+bz=c \end{cases} \qquad \cdots(12)$$

（18年秋の一部；★）

（解）　目の子で $x=1$，$y=0$，$z=0$ という解の存在がわかります．係数行列式は

$$3abc-a^3-b^3-c^3$$
$$=-\frac{1}{2}(a+b+c)[(a-b)^2+(b-c)^2+(c-a)^2]$$

であり，a, b, c の条件によって 0 でないので，解は

$$x=1, \quad y=0, \quad z=0 \qquad \cdots(13)$$

が唯一です．　□

これだけならほぼ自明ですが，採点した折に「解なし」という解答がいくつかあったのに驚きました．(13) のような文字

を含まず自明に近い解は,「解」と認めたくない心理 (?) があるのでしょうか？

実はもとの問題では $a+b+c=0$ あるいは $a=b=c$ の場合の吟味も含まれていました（そこまで問うと難易度は★★★）．その場合には「一般解」をも要求した意図のようですが，それが十分に伝わらなかった印象です．以下にその解を述べます．

方程式 (12) は $a=b=c=0$ の場合を除いて，3 次元空間内の 3 枚の平面を表します．一般の場合は唯一の点 (1, 0, 0) を共有します．$a+b+c=0$ で $a=b=c=0$ でないときは，3 枚の平面が一直線 l を共有し，l 上の点が一般解です．直線 l は a, b, c と無関係に $x-1=y=z$ と表されますが，この形を具体的に示した解答はほとんどありませんでした．

$a=b=c\neq 0$ のときは 3 枚の平面が一致して $x+y+z=1$ となります．一般解はこの面上のすべての点です．

この場合の解を $x=y=z=1/3$ とした解答が目立ちました．一つの特殊解なので「誤り」とはいえませんが,「解」は他にも無限にあるので，完全な解答ではありません．

この種のいわゆる「不定」の場合の連立一次方程式は確かに「病的」です．しかし実用上では，一般解を求めるのが必要な場面が多いのに，理論面では十分扱われていないようです．設問に若干難点があった印象ですが興味深い問題と思います．

線型代数に関連して行列式の計算がよく出題されています．それは改めて次章で論ずることにします．なお第 8 章の初めの 2 節で本章の続きのような問題を扱いましたので，併せて参照下さい．

第3章
行列式の計算

行列式の計算に関する問題は，数検1級にはほとんど毎回出題されています．限られた時間内にうまく解くには，一般論だけでなく若干の技巧を心得ていたほうがよいでしょう．ここに例示した以外にも種々の解法がありますが，主として知っていて損はしない方法を述べます．

3.1 3次行列式

問題 3.1 次の行列式を求め，因数分解した形で答えよ．

（18年春；★）

$$\begin{vmatrix} a^2 & bc & a^2-(b-c)^2 \\ b^2 & ca & b^2-(c-a)^2 \\ c^2 & ab & c^2-(a-b)^2 \end{vmatrix}$$

（解） この種の問題は，展開してから因数分解するよりも，共通項をくくり出すほうがよいでしょう．第3列 - 第1列

-2 ×第2列により，もとの行列式は

$$\begin{vmatrix} a^2 & bc & -(b^2+c^2) \\ b^2 & ca & -(c^2+a^2) \\ c^2 & ab & -(a^2+b^2) \end{vmatrix} = -(a^2+b^2+c^2)\begin{vmatrix} a^2 & bc & 1 \\ b^2 & ca & 1 \\ c^2 & ab & 1 \end{vmatrix}$$

となります（左辺についてさらに第3列 - 第1列を施す）．この後の行列式は a, b, c の交代式ですが，第3行-第2行，第2行-第1行により

$$\begin{vmatrix} a^2 & bc & 1 \\ b^2-a^2 & c(a-b) & 0 \\ c^2-b^2 & a(b-c) & 0 \end{vmatrix} = (a-b)(b-c)\begin{vmatrix} -(a+b) & c \\ -(b+c) & a \end{vmatrix}$$

となります．この最後の2次行列式は

$$-(a+b+c)\begin{vmatrix} 1 & c \\ 1 & a \end{vmatrix} = (a+b+c)(c-a)$$

です．まとめて答は次のようになります：

$$-(a^2+b^2+c^2)(a+b+c)(a-b)(b-c)(c-a) \qquad \cdots(1)$$

(1) を計算する簡便な方法は，他にも色々とできます．

例えば初めのように変形した後

$$\begin{vmatrix} a^2 & bc & 1 \\ b^2 & ca & 1 \\ c^2 & ab & 1 \end{vmatrix} = abc\begin{vmatrix} a^2 & 1/a & 1 \\ b^2 & 1/b & 1 \\ c^2 & 1/c & 1 \end{vmatrix}$$

$$(\text{第2列を変形}) = \begin{vmatrix} a^3 & 1 & a \\ b^3 & 1 & b \\ c^3 & 1 & c \end{vmatrix}$$

として，これをファン・デル・モンドの行列式×1次の対称式，と考えると，この末尾の項は

$$(a+b+c)(a-b)(b-c)(c-a)$$

と展開されるので，全体として (1) を得ます．　□

与えられた行列式は a, b, c について交代式なので，ファン・デル・モンドの行列式×(a, b, c の対称式）と予測して計算するのがよいでしょう．

問題 3.2　次の行列式を求めよ．

$$\begin{vmatrix} 1 & a & b^2+c^2 \\ 1 & b & c^2+a^2 \\ 1 & c & a^2+b^2 \end{vmatrix}$$

さらに a, b, c の関係に応じて階数（ランク）がどう変わるかを調べよ．　　　　(17年夏；★)

(解)　行列式は a, b, c の交代式です．前題と同様に，第3行-第2行，第2行-第1行により

行列式

$$= \begin{vmatrix} 1 & a & b^2+c^2 \\ 0 & b-a & a^2-b^2 \\ 0 & c-b & b^2-c^2 \end{vmatrix} = -(b-a)(c-b)\begin{vmatrix} 1 & a+b \\ 1 & b+c \end{vmatrix}$$

$$= (b-a)(c-b)(a-c) \qquad \cdots(2)$$

です．a, b, c がすべて相異なれば行列式 $\neq 0$ なので階数は3です．2個等しく1個が異なる（$a=b\neq c$ などの）ときには，相異なる組の2次小行列式 $\neq 0$ なので階数は2であり，$a=b=c$ のときはすべての列が比例して（あるいはすべての行が同一なので）階数は1です．

行列式は第3列 $-(a^2+b^2+c^2)\times$ 第1列を作ればファン・デル・モンドの行列式の負として (2) を得ます．　□

階数の意味がわからず（？）妙な解答がありました．階数とはもとの行列式の行列を，一次写像とみたときの像の次元です．具体的には，この問題のように，0でない値をもつ小行列式の最大の大きさとして計算できます．

他にも興味ある例が時折り出題されています．

3.2 行列式の極値問題

問題 3.3　3 次元空間に原点 O 以外に異なる 3 点 A, B, C がある．$\angle \mathrm{BOC} = \alpha$，$\angle \mathrm{COA} = \beta$，$\angle \mathrm{AOB} = \gamma$ とおく．

（i）α, β, γ を最小の正の値で表したとき，(α, β, γ) の存在領域を求めよ．

（ii）（i）で求めた領域中で，行列式

$$\Delta = \begin{vmatrix} 1 & \cos\gamma & \cos\beta \\ \cos\gamma & 1 & \cos\alpha \\ \cos\beta & \cos\alpha & 1 \end{vmatrix}$$

の最大値，最小値とそれを与える (α, β, γ) の値を求めよ．

（17 年春；★★）

（解）　（i）厳密に証明するとなると少し大変ですが，この三角錐 O−ABC の 3 頂角 α, β, γ をラジアン単位で

$$0 < \alpha,\ \beta,\ \gamma < \pi(180^\circ) \qquad \cdots(3)$$

と表したとき，その間に次の不等式

$$\alpha+\beta \geqq \gamma,\ \ \beta+\gamma \geqq \alpha,\ \ \gamma+\alpha \geqq \beta,\ \ \alpha+\beta+\gamma \leqq 2\pi \qquad \cdots(4)$$

が成立します．逆に (3)，(4) を満たす α, β, γ からそれらを頂角とする三角錐ができます．すなわち (3)，(4) が所要の存在範囲です (図 3.1)．これは α, β, γ 空間内で，立方体の頂点を 1 つおきに結んでできる正四面体 OABC の内部です．

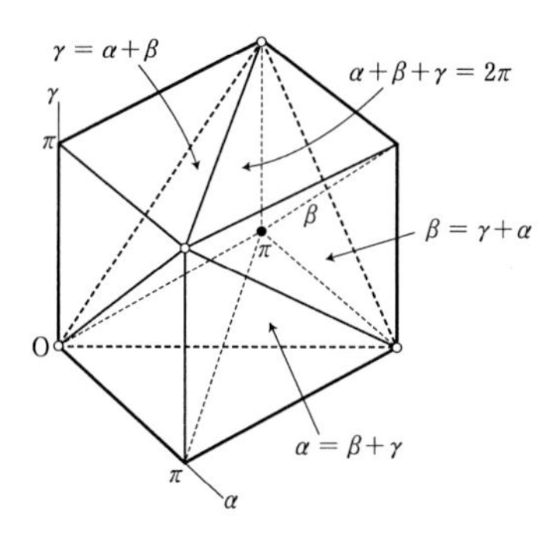

図 3.1　問題 3.3 の範囲（頂点は含まない）

（ii）行列式 Δ は直接に展開して

$$\Delta = 1-\cos^2\alpha-\cos^2\beta-\cos^2\gamma+2\cos\alpha\cos\beta\cos\gamma \quad \cdots(5)$$

です．以後は行列式というよりも極値問題ですが，微分法を使うよりも，2 次式と考えたほうが有利です．(5) を $\cos\gamma$ に関する 2 次式とみなして変形すると

$$\begin{aligned}\Delta &= -\cos^2\gamma+2(\cos\alpha\cos\beta)\cos\gamma-\cos^2\alpha\cos^2\beta \\ &\qquad +1-\cos^2\alpha-\cos^2\beta+\cos^2\alpha\cos^2\beta \\ &= (1-\cos^2\alpha)(1-\cos^2\beta)-(\cos\gamma-\cos\alpha\cos\beta)^2 \\ &= \sin^2\alpha\sin^2\beta-(\cos\gamma-\cos\alpha\cos\beta)^2 \qquad \cdots(6)\end{aligned}$$

となります．これから $\Delta \leqq (\sin\alpha\sin\beta)^2 \leqq 1$ であり，$\Delta=1$ が $\sin\alpha=\sin\beta=1$，$\cos\gamma=0$ すなわち $\alpha=\beta=\gamma=\pi/2$（直角）のときに成立します．これが最大値です．他方 (4) から $|\alpha-\beta| \leqq \gamma \leqq \alpha+\beta,\ 2\pi-(\alpha+\beta)$ なので

$$\cos(\alpha+\beta) \leqq \cos\gamma \leqq \cos(\alpha-\beta) \quad \cdots(7)$$

が成立します．加法定理によって展開すると

$$|\cos\gamma-\cos\alpha\cos\beta| \leqq \sin\alpha\sin\beta$$

であり，(6) $\geqq 0$ です．等号は (7) で等号が成立する場

合，すなわち $\alpha+\beta=\gamma$，$\beta+\gamma=\alpha$，$\alpha+\beta=\gamma$ あるいは $\alpha+\beta+\gamma=2\pi$ となるときです．これは3直線OA, OB, OCが同一平面上に退化する場合です．

まとめて答は次のとおりです．

最大値1：$\alpha=\beta=\gamma=\pi/2$（図3.1で中心）のとき．

最小値0：(α,β,γ) が図3.1の正四面体の表面（頂点を除く）にあるとき．　□

「最小値0：$\alpha=\beta=\gamma=2\pi/3$ のとき」

という解答は，誤りではないが不完全です．最小値をとる点がそこだけではないからです．

選択問題であって選択した方は少数でした．以上のように扱えば，行列式以外の（ii）は高等学校数学IIの範囲で解けますが，成績はよくなかったようです．(5) を $\cos\alpha$, $\cos\beta$, $\cos\gamma$ で偏微分して0とおき，$\cos\alpha=0$ などの可能性を無視して $\cos\alpha\times\cos\beta\times\cos\gamma=1$ といった式を導くと，$\alpha=\beta=\gamma=0$ となって立往生に終ります．

3.3 4次行列式

以前から数検1級には4次行列式の計算がよく出題されています．3次のサリューの公式を機械的にまねしてはいけないという警告かもしれません．普通には消去法で計算します．2

行ずつのラプラス展開の公式もうまく活用すると有利です（後述）．しかし他の工夫が有用な例も多いようです．

問題 3.4　次の行列式を計算し因数分解した形で答よ．

（18年夏；★）

$$\begin{vmatrix} 1 & x & y & x \\ x & 1 & x & y \\ y & x & 1 & x \\ x & y & x & 1 \end{vmatrix}$$

（解）　問題3.1と同様に共通項をくくり出すのが賢明です．各列を加えると共通項 $(1+2x+y)$ が出ます．さらに $y=1$ とおくと行列式 $=0$，階数が2に落ちて $(1-y)^2$ という因子がありますので，目のきく人なら

$$(1-y)^2(1+y+2x)(1+y-2x) \qquad \cdots(8)$$

という答を直ちに書き下ろせます．しかしそういう豪傑の真似をしないで，地道に計算しましょう．

まず各列を加えて共通項をくくり出して

$$=(1+2x+y)\begin{vmatrix} 1 & x & y & x \\ 1 & 1 & x & y \\ 1 & x & 1 & x \\ 1 & y & x & 1 \end{vmatrix}$$

とします．この後の行列式は第3行 - 第1行，第4行 - 第2行によって

$$\begin{vmatrix} 1 & x & y & x \\ 1 & 1 & x & y \\ 0 & 0 & 1-y & 0 \\ 0 & y-1 & 0 & 1-y \end{vmatrix} = (1-y)^2\begin{vmatrix} 1 & x & x \\ 1 & 1 & y \\ 0 & -1 & 1 \end{vmatrix}$$

となります．第2列 + 第3列により，この後の行列式は

$$\begin{vmatrix} 1 & 2x \\ 1 & 1+y \end{vmatrix} = 1+y-2x$$

に等しく，まとめて前述の式 (8) をえます． □

（別解） これは4次のブロック行列

$$\begin{bmatrix} A & B \\ B & A \end{bmatrix}, \text{ここでは } A = \begin{bmatrix} 1 & x \\ x & 1 \end{bmatrix}, B = \begin{bmatrix} y & x \\ x & y \end{bmatrix}$$

の典型例です．このときはまず上半を下半に加え，ついで左半から右半を引くと

$$\begin{bmatrix} A & B \\ B & A \end{bmatrix} = \begin{vmatrix} A & B \\ A+B & A+B \end{vmatrix} = \begin{vmatrix} A-B & B \\ O & A+B \end{vmatrix}$$
$$= |A-B| \cdot |A+B|$$

と計算できます．この例では以下の通りです．

所要の行列式

$$= |A-B| \cdot |A+B| = \begin{vmatrix} 1-y & 0 \\ 0 & 1-y \end{vmatrix} \begin{vmatrix} 1+y & 2x \\ 2x & 1+y \end{vmatrix}$$

$$= (1-y)^2[(1+y)^2 - 4x^2] = (1-y)^2(1+y+2x)(1+y-2x)$$

当然式 (6) と同じ結果です． □

ブロック行列によってこのように計算できる例は，その後もたびたび出題されています．なお A と B とが交換可能でないとき，$|A^2 - B^2|$ としては誤りです (問 2.3 参照)．

問題 3.5　次の行列式を求めよ．

(17年秋；★★)

$$\begin{vmatrix} a^2+1 & ab & ac & ad \\ ba & b^2+1 & bc & bd \\ ca & cb & c^2+1 & cd \\ da & db & dc & d^2+1 \end{vmatrix}$$

（解）　消去法によってもラプラス展開によっても，解

$$1+a^2+b^2+c^2+d^2 \qquad \cdots(9)$$

をえるのは難しくありませんが，次のような方法が有用です．行列式は各行について線型です．上記の行列式の成分を分解して（ベクトル形で表現）

$$\begin{vmatrix} a(a\ \ b\ \ c\ \ d)+(1\ 0\ 0\ 0) \\ b(a\ \ b\ \ c\ \ d)+(0\ 1\ 0\ 0) \\ c(a\ \ b\ \ c\ \ d)+(0\ 0\ 1\ 0) \\ d(a\ \ b\ \ c\ \ d)+(0\ 0\ 0\ 1) \end{vmatrix} \qquad \cdots(10)$$

と考えると各行ごとに展開して合計 $2^4=16$ 個の行列式の和になります．しかし (10) の初めの項は互いに比例するので，この部分を 2 個以上とった 11 個の行列式はすべて 0 になります．残るのは後の項だけをとった単位行列式と，後の項を 3 個と前の項を 1 個ずつとった合計 4 個の行列式だけです．それらの値は順次 1, a^2, b^2, c^2, d^2 で，和をとれば (9) になります．　□

このように考えれば易しい問題ですが，成績はあまりよくなかったようです．まったく同様に対角線成分が a_j^2+1，それ以外の $(i,\ j)$ 成分 $(i\neq j)$ が a_ia_j である n 次行列式は

$$\det(a_ia_j+\delta_{ij})=1+\sum_{j=1}^{n}a_j^2 \qquad \cdots(11)$$

になります．次の問題 3.6 にこれが応用できます．

なお先に名を挙げた 4 次行列式のラプラス展開は具体的には次の通りです．

$$
\begin{vmatrix} a_{11} & a_{12} & a_{13} & a_{14} \\ a_{21} & a_{22} & a_{23} & a_{24} \\ a_{31} & a_{32} & a_{33} & a_{34} \\ a_{41} & a_{42} & a_{43} & a_{44} \end{vmatrix} = \begin{vmatrix} a_{11} & a_{12} \\ a_{21} & a_{22} \end{vmatrix} \cdot \begin{vmatrix} a_{33} & a_{34} \\ a_{43} & a_{44} \end{vmatrix}
$$

$$
- \begin{vmatrix} a_{11} & a_{13} \\ a_{21} & a_{23} \end{vmatrix} \cdot \begin{vmatrix} a_{32} & a_{34} \\ a_{42} & a_{44} \end{vmatrix} + \begin{vmatrix} a_{11} & a_{14} \\ a_{21} & a_{24} \end{vmatrix} \cdot \begin{vmatrix} a_{32} & a_{33} \\ a_{42} & a_{43} \end{vmatrix}
$$

$$
+ \begin{vmatrix} a_{12} & a_{13} \\ a_{22} & a_{23} \end{vmatrix} \cdot \begin{vmatrix} a_{31} & a_{34} \\ a_{41} & a_{44} \end{vmatrix} - \begin{vmatrix} a_{12} & a_{14} \\ a_{22} & a_{24} \end{vmatrix} \cdot \begin{vmatrix} a_{31} & a_{33} \\ a_{41} & a_{43} \end{vmatrix}
$$

$$
+ \begin{vmatrix} a_{13} & a_{14} \\ a_{23} & a_{24} \end{vmatrix} \cdot \begin{vmatrix} a_{31} & a_{32} \\ a_{41} & a_{42} \end{vmatrix}.
$$

成分に0がないとき，直接に展開して $4! = 24$ 個の項を計算すると乗算72回，加減算23回を要します．どれかの行か列について余因子による展開をしても乗算52回，加減算23回が必要です．ラプラス展開の形にまとめると，共通の積が一度に計算できて乗算30回，加減算17回で済みます．練習のためにこれを使って検算してください．特に $a_{31} = a_{41} = 0$, $a_{14} = a_{24} = 0$ の場合には，右辺の行列式の積は最初の2組以外は0になり，大幅に簡略化されます．この公式をトップクラスの和算家は知っていたようです．

3.4　n 次行列式

問題 3.6　次の行列式を求めよ．　(18 年春；★★)

$$\begin{vmatrix} 1+x_1 & 1 & 1 & 1 \\ 1 & 1+x_2 & 1 & 1 \\ \cdots & \cdots & \cdots & \cdots \\ 1 & 1 & \cdots & 1+x_n \end{vmatrix}$$

(対角成分が $1+x_j$，他がすべて 1)

(解)　前節 (問題 3.5) で扱ったのと同様に第 j 行を

$$(1\ 1\ \cdots\cdots\ 1)+x_j\ (\text{第}\ j\ \text{単位行列}) \qquad \cdots(12)$$

と考え，各行について線型であることによって展開し，(12) の初めの項を 2 個以上とった行列式はすべて 0 であることに注意すると，答として

$$\begin{aligned} &x_2x_3\cdots x_n + x_1x_3\cdots x_n + \cdots + x_1x_2\cdots x_{n-1} \\ &\qquad + x_1x_2\cdots x_n \\ &= x_1x_2\cdots x_n\left(1+\frac{1}{x_1}+\cdots+\frac{1}{x_n}\right) \end{aligned} \qquad \cdots(13)$$

をえます．前節末の公式 (11) にあてはめるなら，最初の行列式の第 j 行，第 j 列に $=1/\sqrt{x_j}$ $(j=1,\cdots,n)$ を掛けて変形し，

$$\begin{aligned} \text{行列式} &= x_1x_2\cdots x_n \cdot \det\left(1/\sqrt{x_i}\sqrt{x_j}+\delta_{ij}\right) \\ &= x_1x_2\cdots x_n\left(1+\frac{1}{x_1}+\cdots+\frac{1}{x_n}\right) \end{aligned}$$

(結果は (13) と同じ) と計算します．□

この問題は答 (13) の見当がつけば数学的帰納法を活用した証明もできます．$n=1,2$ のときは直接に (13) がわかります．$n-1$ のとき正しいとして，第1行で展開すれば

$$(1+x_1)x_2\cdots x_n\left(1+\frac{1}{x_2}+\cdots+\frac{1}{x_n}\right)+\sum_{k=2}^{n}\Delta_k \qquad \cdots(14)$$

です．ここで Δ_k は第 k 列を除いた余因子です．その第 k 行成分がすべて1なので，各行からこれを引き，第 k 行を第1行に移せば，符号 $(-1)^{k+k-1}=-1$ がかかって

$$\Delta_k=-x_2\cdots x_n/x_k$$

です．これから (14) を整理して

$$x_1x_2\cdots x_n\left(1+\frac{1}{x_2}+\cdots+\frac{1}{x_n}\right)+x_2\cdots x_n=(13)$$

をえます．

問題 3.7　次の n 次行列式を計算せよ．（17年秋；★★）

$$\Delta_n=\begin{vmatrix}1+x^2 & x & 0 & 0 & \cdots & 0\\ x & 1+x^2 & x & 0 & \cdots & 0\\ 0 & x & 1+x^2 & x & \cdots & 0\\ 0 & 0 & x & 1+x^2 & \cdots & 0\\ \cdots & \cdots & \cdots & \cdots & \cdots & \cdots\\ 0 & \cdots & \cdots & \cdots & x & 1+x^2\end{vmatrix}$$

但し次のヒントがついていました．

漸化式：$\Delta_n=(1+x^2)\Delta_{n-1}-x^2\Delta_{n-2}(n\geqq 3)$

$\Delta_1=1+x^2$，$\Delta_2=x^2\Delta_1+1$ をまず証明せよ．

（解）　もとの行列式は主対角線上に $1+x^2$，その両側に x があり，他は0という三重対角型です．これについては漸化式

が有用です．

$$\Delta_1 = 1 + x^2,\quad \Delta_2 = (1 + x^2)^2 - x^2$$
$$= 1 + x^2 + x^4 = x^2\Delta_1 + 1$$

は明らかです．$n \geqq 3$ のとき最下行について展開すると

$$\Delta_n = (1 + x^2)\Delta_{n-1} + x \times (\text{余因子})$$

です．この余因子は最下行と右から 2 番目の列を除いた小行列式に負号をつけた値です．その最右列は最下の成分以外はすべて 0 で，小行列式は $x\Delta_{n-2}$ に等しく，所要の漸化式をえます．

一般の Δ_n は $\Delta_3 = (1 + x^2)(1 + x^4)$ などを計算すると

$$\Delta_n = 1 + x^2 + x^4 + \cdots + x^{2n} = \frac{1 - x^{2n+2}}{1 - x^2} \qquad \cdots(15)$$

と予測されます．$n = 1, 2$ のときは (15) が正しいので，漸化式から数学的帰納法により (15) を確かめましょう．$n-1$ まで正しいと仮定すれば

$$(1 - x^2)\Delta_n = (1 + x^2)(1 - x^{2n}) - x^2(1 - x^{2n-2})$$
$$= 1 + x^2 - x^{2n} - x^{2n-2} - x^2 + 2x^{2n} = 1 - x^{2n+2}$$

であって n のときも正しく，これで証明できました．答は式 (15) です．　□

漸化式から x を定数と考えて $\Delta_n = A + Bx^{2n}$ を示し，初期値から $A = 1/(1 - x^2)$，$B = -x^2/(1 - x^2)$ を求めることも可能ですが，技巧的すぎて誤りやすいかもしれません．

問題 3.8　正の整数である定数 $n\ (\geqq 2)$ と $0<k<n$ である整数に対して $(n-k+1)$ 次行列式を

$$\Delta_k = \begin{vmatrix} 1 & k & k^2 & \cdots & k^{n-k} \\ 1 & k+1 & (k+1)^2 & \cdots & (k+1)^{n-k} \\ 1 & k+2 & (k+2)^2 & \cdots & (k+2)^{n-k} \\ \cdots & \cdots & \cdots & \cdots & \cdots \\ 1 & n & n^2 & \cdots & n^{n-k} \end{vmatrix}$$

とおく．このとき次の式を証明せよ．　(18 年秋；★★)

$$\Delta_1 = (n-1)!\times(n-2)!\times\cdots\times(n-k+1)!\Delta_k \qquad \cdots(16)$$

(解)　漸化式 $\Delta_j=(n-j)!\Delta_{j+1}$ を示せば，この式を $j=1,2,\cdots,k-1$ について掛けて (16) が証明できます，ファン・デル・モンドの行列式

$$\begin{vmatrix} 1 & a_1 & a_1^2 & \cdots & a_1^{m-1} \\ 1 & a_2 & a_2^2 & \cdots & a_2^{m-1} \\ \cdots & \cdots & \cdots & \cdots & \cdots \\ 1 & a_m & a_{2m} & \cdots & a_m^{m-1} \end{vmatrix} = \prod_{i>j}(a_i-a_j) \qquad \cdots(17)$$

を知っていれば

$$\begin{aligned}\Delta_j &= (n-j)(n-(j+1))\cdots(n-(n-1)) \\ &\quad \times(n-1-j)(n-1-(j+1))\cdots(n-1-(n-2)) \\ &\quad \times(n-2-j)(n-2-(j+1))\cdots(n-1-(n-3)) \\ &\quad \cdots\cdots\cdots\times(j+1-j)\end{aligned}$$

と表されます．このうち $-j$ を含まない項の積が Δ_{j+1} であり，Δ_j はそれに $(n-j)(n-1-j)\cdots(j+1-j)=(n-j)!$ を掛けた値であって $\Delta_j=(n-j)!\Delta_{j+1}$ をえます．　□

(17) は左辺が $a_1,\ \cdots,\ a_m$ の交代式であり，基本交代式すなわち $a_i-a_j (i\neq j)$ のすべての積の倍式であることに注意

します．両者は次数が同じ $n(n-1)/2$ 次なので定数倍です．$a_2a_3^2\cdots a_m^{m-1}$ の係数を比較することから

$$(a_2-a_1)(a_3-a_1)(a_3-a_2)\cdots(a_n-a_{n-1})$$

と $i>j$ である組についての (a_i-a_j) の積が，(17) の左辺と等しくなるという形でも証明できます．直接に Δ_1 をこのような形で展開してまとめ替えても正しい証明ですが，漸化式を中間においたほうがわかりやすいでしょう．

行列式の計算技法にはまだいろいろな定理があります．漸化式を作るのはしばしば有用な方法です．上記の解説はまだ十分とはいえませんが，これだけでも参考として役立てば幸いです．

第4章 極限値

極限値の計算技巧に対し，その重要性について私個人は多少の疑問を感じています．しかし個々の工夫が必要など検定問題向きの例が多く，今後ともよく出題されると思いますので，若干の（必ずしも典型的ではないかもしれないが）実例を解説します．

4.1 数列の極限値

問題 4.1 $\displaystyle\lim_{n\to\infty}\frac{1}{n^3}\sum_{k=1}^{n}k(k+2)$ を求めよ．

（18年秋，準1級；★）

実際にはまずこの和を n の式で表す設問があって，次に極限値を求めよ，と2段構えでの出題でした．

(解)

$$\begin{aligned}\sum_{k=1}^{n} k(k+2) &= \sum_{k=1}^{n} k^2 + \sum_{k=1}^{n} 2k \\ &= \frac{n(n+1)(2n+1)}{6} + n(n+1) \\ &= \frac{1}{6}n(n+1)(2n+1+6) \\ &= \frac{1}{6}n(n+1)(2n+7)\end{aligned}$$

ですから，極限値をとる前の式は

$$\frac{1}{6}\left(1+\frac{1}{n}\right)\left(2+\frac{7}{n}\right) = \frac{1}{3} + \frac{3}{2n} + \frac{7}{6n^2}$$

となり，$n \to \infty$ の極限値は $\dfrac{1}{3}$ です． □

(1) はまた $k(k+2) = (k+1)^2 - 1$ と考えて和を

$$\begin{aligned}&\frac{1}{6}(n+1)(n+2)(2n+3) - 1 - n \\ &= \frac{1}{6}(n+1)(2n^2+7n+6-6) \\ &= \frac{1}{6}(n+1)n(2n+7)\end{aligned}$$

とも計算できます．$k(k+1)+k$ として，和を

$$\frac{1}{3}n(n+1)(n+2) + \frac{n(n+1)}{2} = \frac{1}{6}n(n+1)(2n+7)$$

としてもよいでしょう．

あるいは与式全体を

$$\frac{1}{n}\sum_{k=1}^{n}\left(\frac{k}{n}\right)^2 + \frac{2}{n^2}\sum_{k=1}^{n}\frac{k}{n} \tag{2}$$

と変形すれば，区分求積の考えで $n \to \infty$ の極限値は

$$\int_0^1 x^2 dx + \lim_{n\to\infty}\frac{2}{n}\int_0^1 x dx = \frac{1}{3} + \lim_{n\to\infty}\frac{1}{n} = \frac{1}{3}$$

という計算も可能です．　□

いろいろの解法が可能で成績はよかったようですが，採点者によると0という誤答が眼についたそうです．分子が2次式，分母が3次式だから，$n \to \infty$ のとき極限値は0と早合点（？）したのでしょうか？ 個々の項は0に近づきますが，その項数 n が増加するので，全体の和が0に近づくとは限りません．極限の難しさはこのような「素朴な直感に反する（？）」実例にあるのかもしれません．

4.2 関数値の極限値

問題 4.2　$\lim_{x \to \infty}\left(\sqrt{x^2+3x-1} - \sqrt[3]{x^3+x^2-1}\right)$ を求めよ．

（18年春；★★）

（解）

$$\lim_{x \to \infty}\left(\sqrt{x^2+3x-1} - x\right) \tag{3}$$

$$\lim_{x \to \infty}\left(\sqrt[3]{x^3+x^2-1} - x\right) \tag{4}$$

と2組に分けて計算し，両者の差をとるのがよいと思います．(3) はこの種の極限値問題の典型例です．分子を有理化すると

$$\sqrt{x^2+3x-1} - x = \frac{(x^2+3x-1)-x^2}{\sqrt{x^2+3x-1}+x}$$

$$= \frac{3x-1}{x+x\left(\sqrt{1+\dfrac{3}{x}-\dfrac{1}{x^2}}\right)} = \frac{3-\dfrac{1}{x}}{1+\sqrt{1+\dfrac{3}{x}-\dfrac{1}{x^2}}}$$

と変形できます．$x \to \infty$ とすると，分子は3，分母は $1+1=2$ に近づくので，(3) の極限値は $\dfrac{3}{2}$ です．

(4) は $a^3-b^3=(a-b)(a^2+ab+b^2)$ を使って変形すると

$$
\begin{aligned}
&\sqrt[3]{x^3+x^2-1}-x \\
&=\frac{x^3+x^2-1-x^3}{(x^3+x^2-1)^{2/3}+x(x^3+x^2-1)^{1/3}+x^2} \\
&=\frac{x^2-1}{x^2\left(1+\dfrac{1}{x}-\dfrac{1}{x^3}\right)^{2/3}+x^2\left(1+\dfrac{1}{x}-\dfrac{1}{x^3}\right)^{1/3}+x^2} \\
&=\left(1-\frac{1}{x^2}\right)\div\left[\left(1+\frac{1}{x}-\frac{1}{x^3}\right)^{2/3}+\left(1+\frac{1}{x}-\frac{1}{x^3}\right)^{1/3}+1\right]
\end{aligned}
$$

となります．この形で $x \to \infty$ とすれば分子は1，分母は $1+1+1=3$ に近づき，全体の極限値は $\dfrac{1}{3}$ です．したがってもとの極限値は $\dfrac{3}{2}-\dfrac{1}{3}=\dfrac{7}{6}$ です．　□

極限値をとる前の式を

$$
x\times\sqrt{1+\frac{3}{x}-\frac{1}{x^2}}-x\times\sqrt[3]{1+\frac{1}{x}-\frac{1}{x^3}}
$$

と変形してテイラー展開（マクローリン展開）し

$$
\begin{aligned}
&x\left(1+\frac{3}{2x}-\frac{1}{2x^2}-\frac{9}{8x^2}+\cdots\right)-x\left(1+\frac{1}{3x}-\frac{1}{9x^2}-\frac{1}{3x^3}+\cdots\right) \\
&=\left(\frac{3}{2}-\frac{1}{3}\right)+O\left(\frac{1}{x}\right)\to\frac{7}{6}
\end{aligned}
$$

として $x \to +\infty$ のときの極限値を求めてもよいのですが，高次の項の処理を厳密に扱おうとすると多少厄介です．

成績はよかったようですが，0とか ∞ といった誤答が眼についたそうです．これは $\infty-\infty$ 型の不定形の一例です．「**不**

定形」というのは「値が定まらない」のではなく，「いくつになるか一般論だけでは何もいえない：個別に検討せよ」という意味の用語と心得てください．

問題 4.3 aを正の定数とするとき，次の極限値を求めよ．

$$\lim_{x\to a}\frac{1}{(x-a)^2}\left(\frac{x+a}{2}-\sqrt{ax}\right)$$

(17 年夏；★)

正の数a, bが近ければ，相加平均と相乗平均はごく近く，両者の差がほぼ$|a-b|^2/4(a+b)$という結果に対応します．

(解) 極限値をとる前の式を変形すると，$x>0$としてよく，次のように計算できます．

$$\frac{1}{(x-a)^2}\times\frac{1}{2}((\sqrt{x})^2+(\sqrt{a})^2-2\sqrt{a}\sqrt{x})$$
$$=\frac{(\sqrt{x}-\sqrt{a})^2}{2(\sqrt{x}-\sqrt{a})^2(\sqrt{x}+\sqrt{a})^2}$$
$$=\frac{1}{2(\sqrt{x}+\sqrt{a})^2}\longrightarrow\frac{1}{2(\sqrt{a}+\sqrt{a})^2}=\frac{1}{8a}.\qquad\square$$

$0\div 0$の形の不定形ですから，ロピタルの定理を使ってもできますし，他にもいくつかの解法があります．例によって0や∞という誤答も若干あったようですが，全体としての成績はよかったと聞いています．

4.3 平均値に関する極限値

問題 4.4　$a_1, a_2, \cdots, a_n$ を n 個の正の定数とする．0 以外の定数 x に対して，x の関数を

$$f_A(x) = \left(\frac{1}{n}\sum_{k=1}^{n} a_k^x\right)^{\frac{1}{x}} \tag{5}$$

とおくとき，次の極限値を求めよ．　（18 年秋；★★）

（i）$\lim_{x \to 0} f_A(x)$

（ii）$\lim_{x \to +\infty} f_A(x)$

（iii）$\lim_{x \to -\infty} f_A(x)$

(5) は助変数 x に対する「x 乗の平均値」です．この関数は x について単調増加であり（後述），$x = -1, 1$ がそれぞれ調和平均，相加平均に担当します．さらに $x \to -\infty, 0, +\infty$ の極限値がそれぞれ $a_1, \cdots, a_n$ の最小値，相乗平均，最大値であり，これから各種の平均値の大小関係を統一的に示すことができます．

そのような結果を聞いたことがあれば難しくないと思いますが，成績は大変に悪く，特に（i）の正解者は数名程度でした．圧倒的に多かった誤答は 1 でした．右辺の累乗をとる前のかっこ内の値は 1 に近づきますが，これは 1^∞ 型の不定形です．実のところこの極限値が $\{a_k\}$ の値と無関係な絶対的定数 1 というのは，かえって奇妙です．$a_1 = a_2 = \cdots = a_n = a$ とすれば，$f_A(x)$ は x に無関係に定数 a に等しくその極限値は a であり，これは任意の値になり得るからです．もしかすると「極限値を求めよ」という文章から，答えは一定の数値だと早合点したのかもしれません．「極限値を $a_1,\cdots,a_n$ で表せ」と設問したら，もう少し成績がよかったかな．とも考えています（「日本語の読解力（?）の例）．

（解） 先に（ii），（iii）を解答します．$\{a_k\}$ の順序を変えて大きい方から並べかえ，

$$a_1=\cdots=a_m>a_{m+1}\geqq\cdots\geqq a_{n-l}>a_{n-l+1}=\cdots=a_n$$

とします（$m=n-l$ など特別な場合もあるが，それは差し支えない）．与式は

$$[f_A(x)]^x=\frac{1}{n}\sum_{k=1}^{n}a_k^x=a_1^x\left[\frac{m}{n}+\frac{1}{n}\sum_{k=m+1}^{n}\left(\frac{a_k}{a_1}\right)^x\right] \qquad (6)$$

と変形できます．$k=m+1,\cdots,n$ については $|a_k/a_1|<1$ であり，その x 乗は，$x\to+\infty$ のとき 0 に近づきます．(6) の末尾の［　］内は $x\to+\infty$ のとき m/n に近づき，全体の $1/x$ 乗は

$$f_A(x)\longrightarrow a_1\cdot\left(\frac{m}{n}\right)^{\frac{1}{x}}\longrightarrow a_1=\{a_k\}\text{ 中の最大値}$$

です．次に (iii) について $x\to-\infty$ のときは $x=-t,\ t\to+\infty$ と考えると

$$[f_A(x)]^{-t}=\frac{1}{n}\sum_{k=1}^{n}a_k^{-t}=a_n^{-t}\left[\frac{l}{n}+\frac{1}{n}\sum_{k=1}^{n-l}\left(\frac{a_k}{a_n}\right)^{-t}\right] \qquad (7)$$

です．$k=1,\cdots,n-l$ については $|a_k/a_n|>1$，$(a_k/a_n)^{-t}\to0$ $(t\to+\infty)$ であり，(7) の末尾の［　］内は l/n に近づきます．全体の $1/x=-1/t$ 乗は

$$f_A(x) \longrightarrow a_n \cdot \left(\frac{l}{n}\right)^{-1/t} \longrightarrow a_n = \{a_k\} \text{中の最小値}$$

です．あるいは（iii）では a_k の逆数を考えて，（ii）により極限値は $\{1/a_k\}$ 中の最大値の逆数 $= \{a_k\}$ 中の最小値，といってもよいでしょう．

（i）は 1^∞ 型の不定形ですから，(自然) 対数をとって $0 \div 0$ 型の不定形：

$$\lim_{x \to 0} \frac{1}{x} \cdot \log\left(\frac{1}{n}\sum_{k=1}^{n} a_k^x\right) \tag{8}$$

に直します．ロピタルの定理といってもよいのですが，(8) の極限値は，後の関数の $x=0$ における**微分係数**そのものと考えて計算した方がよいでしょう．すなわち

$$\begin{aligned}
(8) &= \frac{d}{dx}\log\left(\frac{1}{n}\sum_{k=1}^{n} a_k^x\right)\Bigg|_{x=0} \\
&= \frac{1}{n}\sum_{k=1}^{n} a_k^x \cdot \log a_k \div \left(\frac{1}{n}\sum_{k=1}^{n} a_k^x\right)\Bigg|_{x=0} \\
&= \frac{1}{n}\sum_{k=1}^{n} \log a_k = \log(a_1 a_2 \cdots a_n)^{1/n}.
\end{aligned} \tag{9}$$

です（$a>0$ のとき $\dfrac{da^x}{dx} = a^x \cdot \log a$ に注意）．したがって（i）の極限値は，(9) を指数関数によって「真数」に戻した $(a_1 a_2 \cdots a_n)^{1/n} =$（$a_1$，…，$a_n$ の**相乗平均**）です．　□

ついでに先に予告した $f_A(x)$ が x について**増加関数**であることを証明します．上記の計算から

$$\frac{d}{dx}\log f_A(x) = \frac{d}{dx}\left[\frac{1}{x}\log\frac{a_1^x+\cdots+a_n^x}{n}\right]$$
$$= -\frac{1}{x^2}\cdot\log\frac{a_1^x+\cdots+a_n^x}{n} + \frac{1}{x}\cdot\frac{a_1^x\log a_1+\cdots+a_n^x\log a_n}{a_1^x+\cdots+a_n^x}$$

です．式の記述が長くなるので，便宜上

$$A = a_1^x+\cdots+a_n^x,\quad B = a_1^x\log a_1+\cdots+a_n^x\log a_n,$$
$$C = a_1^x(\log a_1)^2+\cdots+a_n^x(\log a_n)^2$$

と略記します．証明すべき式は正である項を除けば

$$\log(A/n) < x\cdot B/A \tag{10}$$

です．$x\to 0$ のとき $A\to n$ であり，B/A は有界ですから，$x\to 0$ のとき (10) の両辺はともに 0 に近づきます．そこでこの差 (左辺−右辺) の導関数が負であることを示せばよいわけです．その計算をしますと

$$\frac{d}{dx}\left[\log\frac{A}{n} - x\cdot\frac{B}{A}\right] = \frac{B}{A} - \frac{B}{A} + \frac{xB^2}{A^2} - \frac{xC}{A} \tag{11}$$

なので，$x(B^2-AC)$ の正負を調べます．これはコーシー・シュワルツの不等式により，$a_1=\cdots=a_n$ でなければ

$$AC - B^2 > 0 \tag{12}$$

ですから，(11) は $x>0$ なら負，$x<0$ なら正です．このことは (10) の (左辺)-(右辺) が $x<0$ で増加，$x>0$ で減少し，$x=0$ で最大値 0 をとること，すなわちでつねに (左辺)-(右辺) <0 であることを意味します．　□

$a_k^x>0$ ですが，$\log a_k$ の値は負になりえます．それでも不等式 (12) が成立します．必要なら略記号を使わず正しく式を書き下ろし，コーシー・シュワルツの不等式の証明自体に立ち返って吟味してください．

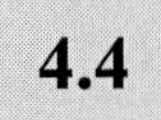

4.4 階乗に関する極限値

問題 4.5　$\displaystyle\lim_{n\to\infty}\frac{n}{(n!)^{1/n}}$ を求めよ．　　（17 年春；★★★）

答は e（自然対数の底数）ですが，あてずっぽうの予測は困難です．実際誤答が何十種もあり，正解はごく僅かだったようです．

スターリングの公式 $n! \sim \sqrt{2\pi n}\cdot n^n \cdot e^{-n}$（$n\to\infty$ のとき両辺の比→1）を既知とすれば，極限値が e であると見当がつきますが，もっと直接的な計算を考えます．

（解）　$(n!)^{1/n}$ は 1，2，…，n の相乗平均ですが，そう考えると各数の大小の違いが大きすぎて評価が悪くなります．変形して

$$\left(\frac{2}{1}\right)\left(\frac{3}{2}\right)^2\left(\frac{4}{3}\right)^3\cdots\left(\frac{n}{n-1}\right)^{n-1}=\frac{n^{n-1}}{(n-1)!}=\frac{n^n}{n!}$$

を考えると

$$\frac{n^n}{n!}=\prod_{k=1}^{n-1}\left(1+\frac{1}{k}\right)^k,$$

$$\log\frac{n}{(n!)^{1/n}}=\frac{1}{n}\sum_{k=1}^{n-1}\log\left(1+\frac{1}{k}\right)^k \tag{13}$$

となります．$\left(1+\dfrac{1}{k}\right)^k\to e$，$\log\left(1+\dfrac{1}{k}\right)^k\to 1$ ですから，下記の補助定理（チェザロの総和法の原理）を使うと（13）→1，したがって対数に対する真数 $n/(n!)^{1/n}\to e^1=e$ がわかりま

す．(13) の右辺は項が $(n-1)$ 個ですが，形式的に $0=\log 1$ を初項に加えて修正できます． □

補助定理　実数列 $\{a_n\}$ が $n\to\infty$ のとき a に収束すれば，初項から第 n 項までの相加平均 $s_n=\dfrac{1}{n}(a_1+\cdots+a_n)$ も同じ a に収束する．

証明　各 a_n を a_n-a で置き換えれば，$a=0$ として一般性を失わない．任意の正の数 ε に対して番号 m を十分大にとれば，$n>m$ である a_n は $|a_n|<\varepsilon$ である．n をこの限界 m より十分大にとると

$$s_n=\frac{1}{n}(a_1+\cdots+a_n)$$
$$=\frac{1}{n}(a_1+\cdots+a_m)+\frac{1}{n}(a_{m+1}+\cdots+a_n) \tag{14}$$

である．(14) の右辺第 1 項は $a_1+\cdots+a_m=c$ が定数だから，n をある限界 l 以上にとればその絶対値 $=|c|/n<\varepsilon$ である．第 2 項は各項の絶対値が ε 以下だから，和の絶対値は

$$\leqq\frac{n-m}{n}\cdot\varepsilon<\varepsilon$$

である．合計して $n\geqq l$ のとき $|s_n|<2\varepsilon$ となる．これは $\lim_{n\to\infty}s_n=0$ を意味する． □

上記はいわゆる $\varepsilon-\delta$ 論法の典型例です．この補助定理は極限値を求める問題でしばしば有用です．

問題 4.5 にはいくつか別解が考えられます．多少もってま

わりますが，$(n!)^{1/n}$ の対数 $\frac{1}{n}\sum_{k=1}^{n}\log k$ を定積分 $\int_1^n \log x\,dx$ と比較して評価する方法を略述します．

(別解)　所要の式の逆数をとって対数をとると，結果は

$$\frac{1}{n}\sum_{k=1}^{n}(\log k)-\log n \tag{15}$$

です．$y=\log x$ は増加関数なので，(15) の第1項は

$$\int_1^n \log x\,dx < \sum_{k=1}^{n}(\log k) < \int_1^{n+1}\log x\,dx \tag{16}$$

と評価されます．(16) の左辺は $n\log n-n+1$，右辺は $(n+1)\log(n+1)-(n+1)+1$ ですから

$$\frac{1}{n}(n\log n-n+1)-\log n < (15)$$

$$< \frac{1}{n}[(n+1)\log(n+1)-n]-\log n$$

ですが，この左辺 $=-\frac{n-1}{n}\to -1$ です．また右辺は

$$\log\frac{n+1}{n}+\frac{\log(n+1)}{n}-1\to -1\quad (n\to\infty)$$

です．したがって (15) $\to -1$ です (はさみうちの原理)．指数関数をとって逆数をとれば，$n\to\infty$ のときの極限値は e です．　□

他にもいろいろの別解が可能です．極限値に関しては，まだいくつかの問題があります．雑誌連載中の後の回に補充した問題を 4.5 節に，新しい問題 (近年よく出題されるパターン？) を 4.6 節に補充しました．

4.5 極限値の問題の補充（1）

問題 4.6　$\displaystyle\lim_{n\to\infty}\frac{1\cdot3\cdot5\cdots(2n-1)}{2\cdot4\cdot6\cdots2n}=0$

を証明せよ．　　（19 年夏；★）

原問題ではもっと大きな問題の一部ですが，ここが中心課題でした．易しい問題ですが，本人はできたつもり（？）の誤答が極めて多かったので取り上げました．

（解 1）　与えられた項を a_n とおくと，

$\dfrac{1}{2}<\dfrac{2}{3}$，$\dfrac{3}{4}<\dfrac{4}{5}$，…，$\dfrac{2n-1}{2n}<\dfrac{2n}{2n+1}$ から

$$0<a_n^2<\frac{1}{2}\cdot\frac{2}{3}\cdot\frac{3}{4}\cdot\frac{4}{5}\cdot\frac{5}{6}\cdot\frac{6}{7}\cdots\times\cdots\frac{2n-1}{2n}\cdot\frac{2n}{2n+1}=\frac{1}{2n+1}$$

です．$n\to\infty$ とすれば両辺とも 0 に近づき $a_n^2\to0$，したがって $a_n\to0$ です．　□

これが標準的な模範解答でしたが，このような名答はほとんどありませんでした．比較的まともなのが，次の（解 2）でした．

（解 2）　逆数をとって展開すると

$$\begin{aligned}\frac{1}{a_n} &= \frac{2}{1}\cdot\frac{4}{3}\cdot\frac{6}{5}\cdots\frac{2n}{2n-1}\\ &=\left(1+\frac{1}{1}\right)\left(1+\frac{1}{3}\right)\cdots\left(1+\frac{1}{2n-1}\right)\\ &\quad>1+\left(\frac{1}{1}+\frac{1}{3}+\cdots+\frac{1}{2n-1}\right) \qquad \cdots(17)\end{aligned}$$

です．(17) の右辺の級数は $+\infty$ に発散するので，左辺 $\to\infty$，したがって $a_n\to 0$ です．　□

今少し大がかりなのはウォリスの公式を使って

$$a_n^2\times(2n+1)\to 2/\pi$$

を示した証明です．「牛刀」ですが，結果的には正しく，以上が一応まともな解答です．

意外に多かった誤答は

$$0<a_n<\left(\frac{2n-1}{2n}\right)^n=\left(1-\frac{1}{2n}\right)^n \qquad \cdots(18)$$

として (18) の右辺 $\to 0$ だから $a_n\to 0$ とした論法でした．しかし (18) の右辺は 1^∞ 型の不定形であり，この場合その極限値は $e^{-1/2}$ であって 0 でないので，これでは証明になっていません．前にも述べたが，この種の「不定形」に関する理解が不十分な印象です．

4.6 極限値の問題の補充 (2)

以下は必ずしも過去問ではありませんが，若干の補充をします．

問題 4.7　a, c, a', c' を正の定数，b, b', d, d' を実の定数として，次の極限値を求めよ．但し $a' = c'$, $b' = d'$ ではないとする．

$$\lim_{x\to\infty} \frac{\sqrt{ax+b} - \sqrt{cx+d}}{\sqrt{ax+b'} - \sqrt{c'x+d'}} \qquad (★★)$$

（解）　$a, b, c, d, a', b', c', d'$ に具体的な数値を与えた同類の問題が特に準1級1次によく出題されています．1級（大学水準）ならば，テイラー展開を活用するのが早道ですが，準1級（高校3年水準）として，「有理化」の手法を活用します．

与式（極限値をとる前）は次のように変形できます．

$$\frac{(ax+b)-(cx+d)}{\sqrt{ax+b}+\sqrt{cx+d}} \cdot \frac{\sqrt{a'x+b'}+\sqrt{c'x+d'}}{(a'x+b')-(c'x+d')}$$

$$= \frac{\sqrt{a'+b'/x}+\sqrt{c'+d'x}}{\sqrt{a+b/x}+\sqrt{c+d/x}} \cdot \frac{(a-c)+(b-d)/x}{(a'-c')+(b'-d')/x}.$$

ここで $x \to \infty$ とすると，右辺第1項は $\dfrac{\sqrt{a'}+\sqrt{c'}}{\sqrt{a}+\sqrt{c}}$ に近づきます．第2項は $a' \neq c'$ ならば $\dfrac{a-c}{a'-c'}$ に近づくので，全体の極限値は $\dfrac{\sqrt{a}-\sqrt{c}}{\sqrt{a'}-\sqrt{c'}}$ です（$a = c$ なら0）．このときには極限値は b, d, b', d' の値に無関係です．他方 $a' = c'$, $b' \neq d'$ ならば $a \neq c$ のときは ∞（$a-c$ の符号に応じて $+\infty$ または $-\infty$）になります．しかしさらに $a = c$ ならば，第1項は1になり，第2項は $\dfrac{b-d}{b'-d'}$ に近づき，極限値は $\dfrac{b-d}{b'-d'}$ です（$a = c$, $a' = c'$ の値に無関係）．　□

個々の数値例では，このどれかに該当しますが，一度このような一般的な考察をしておくとよいでしょう．ある助変数が極限値と無関係な場合があることも，知っていて損はないかもしれません．

問題 4.8　次の極限値を求めよ（θ はラジアン単位）

$$\lim_{\theta \to 0} \frac{\sin^3\theta}{\theta - \sin\theta \cdot \cos\theta} \qquad (\bigstar\bigstar)$$

（解）　これは数学教育懇談会の折に提出された問題です．出題者は図形的な巧妙な解答を与えていましたが，ここでは（やや技巧的だが）ロピタルの定理などを使った計算によります．

所要の式（極限をとる前）は次のように変形できます．

$$\frac{\sin\theta}{\theta} \cdot \frac{1-\cos^2\theta}{1-\dfrac{\sin\theta}{\theta}\cdot\cos\theta}$$

$$= \frac{\sin\theta}{\theta}(1+\cos\theta) \cdot \frac{1-\cos\theta}{1-\dfrac{\sin\theta}{\theta}\cos\theta} \qquad (19)$$

（19）の第1項の極限値は1，第2項の極限値は2ですが，第3項を次のように計算しては**誤り**になります：

$$\frac{1-\cos\theta}{1-\left(\displaystyle\lim_{\theta\to 0}\frac{\sin\theta}{\theta}\right)\cos\theta} = \frac{1-\cos\theta}{1-\cos\theta} = 1 \quad \text{（これは誤り！）}$$

この点が出題者の意図（注意すべき要点）のようです．

正しい計算は以下のとおりです．（19）の第3項は，逆数をとると

$$\frac{1-\cos\theta+\cos\theta(1-\sin\theta/\theta)}{1-\cos\theta}=1+\frac{\cos\theta(\theta-\sin\theta)}{\theta(1-\cos\theta)} \quad (20)$$

と変形されます．この第2項の分子のうち，$\cos\theta\to1$ なので

$$\lim_{\theta\to0}\frac{\theta-\sin\theta}{\theta(1-\cos\theta)} \quad (21)$$

を考えれば十分です．(21) の極限をとる前の式に，ロピタルの定理を適用すると (0/0 の極限値)，

$$(21)\text{の値}=\lim_{\theta\to0}\frac{1-\cos\theta}{(1-\cos\theta)+\theta\cdot\sin\theta} \quad (22)$$

となります．(22) の極限をとる前の式の逆数をとると $1+\dfrac{\theta\sin\theta}{1-\cos\theta}$ ですが，この第2項は次のように変形できます．

$$\frac{\theta\cdot2\sin(\theta/2)\cdot\cos(\theta/2)}{2\sin^2(\theta/2)}=\frac{2(\theta/2)\cdot\cos(\theta/2)}{\sin(\theta/2)} \quad (23)$$

(23) の $\theta\to0$ での極限値は2です．したがって (22) の逆数の極限値は $1+2=3$ であり，(21) = (22) の極限値 = 1/3. 最終的に (20) の極限値は $1+(1/3)=4/3$ です．最初の式の極限値は $1\times2\times\dfrac{3}{4}=\dfrac{3}{2}$ になります．途中で何度も逆数をとって計算したのに注意して下さい．テイラー展開を活用しても，同じ値 3/2 を得ます．　□

このほか少し変わった手法として，直接に計算するのでなく，所要の項を上下から評価して「はさみうちの原理」を活用するとよい場合があります．後の第9章　問題 9.6 がその一例です．

極限値の計算手法は，問題ごとの工夫がいります．前にも注意したように，$\infty-\infty$，1^∞，0^0 などの型の不定形の極限値には特に注意して下さい．

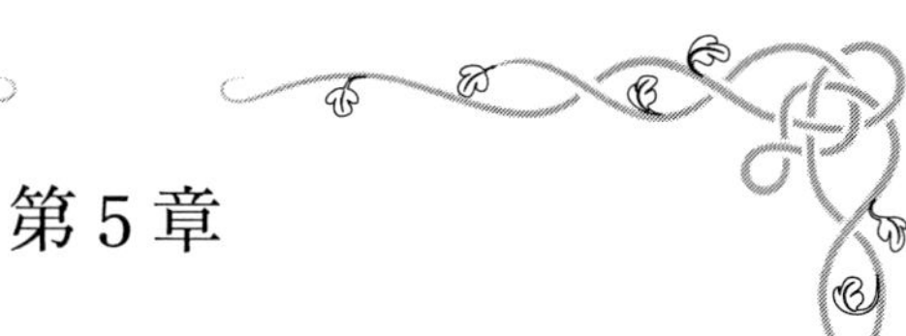

第5章

積分とその応用

積分の計算およびその応用として面積・体積などの計算はほぼ毎回出題されています．それにもかかわらず連載当時に後にまわしたのは，他の記事との重複を避ける目的でした．

5.1 不定積分の計算例

不定積分の問題は数検の2級・準1級には（それぞれ数学Ⅱ，数学Ⅲの範囲で）毎回のように出題されていますが，近年1級では下火のようです．準1級から一例を紹介します．

問題 5.1　$\displaystyle\int \frac{x^3}{(x-1)^3}dx$ を計算せよ．

（18年秋；準1級，★）

（解）　$x^3=(x-1+1)^3=(x-1)^3+3(x-1)^2+3(x-1)+1$

と変形すると，与えられた積分は

$$\int\left[1+\frac{3}{x-1}+\frac{3}{(x-1)^2}+\frac{1}{(x-1)^3}\right]dx$$
$$=x+3\log|x-1|-\frac{3}{x-1}-\frac{1}{2(x-1)^2}+C$$
$$=3\log|x-1|+x-\frac{6x-5}{2(x-1)^2}+C$$

となります．まとめずにその前の形のままでもよいでしょう．積分定数を忘れても誤りではないようですが，忘れずにつけたほうが完全です．

5.2 定積分の計算例

定積分はほぼ毎回出題されています（重積分も含めて）．易しい一例は $\int_0^{\frac{\pi}{2}}\frac{dx}{1+\tan x}=\frac{\pi}{4}$（18 年春）です．以下に 2 例挙げます．最初のは不定積分が計算できるが，少し工夫したほうがよい例，第 2 のは既知の定積分に帰着させる例です．

近年採点の手伝いをして気になる誤りが多発しています．それは不定積分が初等関数では表されない定積分の（だからこそ計算に工夫を必要とする）問題でも，しゃにむに不定積分らしい式を計算しようとする（もちろん誤った）解答です．教育内容を削減しすぎて，「すべての関数」の不定積分が既知の範囲で積分できると思っていた 17 世紀（微分積分学誕生前夜）に逆戻りしたのでなければ幸いです．

問題 5.2　$\displaystyle\int_0^{\frac{\pi}{2}} \frac{\sin^2 x}{\sin x+\cos x}\,dx$ を求めよ．

（17 年夏，★★）

（解）　定跡どおりに $\tan(x/2)=t$ と置換してできますが，直接の計算は読者への演習とし，少し工夫してみましょう．

$$\int_0^{\frac{\pi}{2}} \frac{\sin^2 x-\cos^2 x}{\sin x+\cos x}\,dx=\int_0^{\frac{\pi}{2}} (\sin x-\cos x)\,dx=0$$

ですから

$$\int_0^{\frac{\pi}{2}} \frac{\sin^2 x+\cos^2 x}{\sin x+\cos x}\,dx=\int_0^{\frac{\pi}{2}} \frac{1}{\sin x+\cos x}\,dx \qquad \cdots(1)$$

を計算すれば，その半分が答えになります．置換 $t=\tan(x/2)$ により，(1) は

$$\int_0^1 \frac{2dt}{1+2t-t^2}=\int_0^1 \frac{2dt}{2-(1-t)^2} \qquad \cdots(2)$$

に変換されます．$1-t=u$ と置換して (2) の半分をとると

$$\int_0^1 \frac{du}{2-u^2}=\frac{1}{2\sqrt{2}}\int_0^1\left[\frac{1}{\sqrt{2}-u}-\frac{1}{\sqrt{2}+u}\right]du$$

$$=\frac{1}{2\sqrt{2}}\log\frac{\sqrt{2}+u}{\sqrt{2}-u}\bigg|_0^1$$

$$=\frac{1}{2\sqrt{2}}\log\frac{\sqrt{2}+1}{\sqrt{2}-1}=\frac{1}{\sqrt{2}}\log(\sqrt{2}+1) \qquad \cdots(3)$$

が最初の定積分の値です．答えは π を含まず対数になります．□

問題 5.3　$\displaystyle\int_0^{\infty} \frac{1-\cos x}{x^2}\,dx$ を求めよ．但し定積分

$\displaystyle\int_0^{\infty} \frac{\sin x}{x}\,dx=\frac{\pi}{2}$ は既知としてよい．　（18 年夏，★）

(解)　$1-\cos x = 2\sin^2\dfrac{x}{2}$ で，$\dfrac{x}{2}=t$ と置換すると

$$与式 = 2\int_0^\infty \frac{\sin^2 t}{4t^2}2dt = \int_0^\infty \frac{\sin^2 t}{t^2}dt \qquad \cdots(4)$$

です．$1/t^2$ を積分する部分積分をすると，以下のとおりです．

$$\begin{aligned}(4) &= -\frac{\sin^2 t}{t}\Big|_0^\infty + \int_0^\infty \frac{2\sin t\cdot\cos t}{t}dt \\ &= \int_0^\infty \frac{\sin 2t}{2t}d(2t) = \int_0^\infty \frac{\sin x}{x}dx = \frac{\pi}{2}\end{aligned}$$

答：$\dfrac{\pi}{2}$　□

定積分 $\displaystyle\int_0^\infty \frac{\sin^2 x}{x^2}dx = \frac{\pi}{2}$ の計算も以前に（ヒントつきで）出題されたことがあります．以上の諸問題は比較的成績がよかったようです．

5.3 不等式の例

問題 5.4　n を定まった正の整数とし

$I_n = \displaystyle\int_1^e (\log x)^n dx$ とおく．次の不等式

$$\frac{e}{n+2} < I_n < \frac{e}{n+1}$$

を証明せよ．　（18年秋；準1級，★）

(解)　$\log x = t$ と置換すれば

$$I_n = \int_0^1 t^n e^t dt$$

です．$0 < t < 1$ で $e^t < e$ と評価すれば右側の不等式

$$I_n < \int_0^1 t^n \cdot e dt = \frac{e}{n+1} \qquad \cdots (5)$$

をえます．左側の不等式は t^n を積分する部分積分により

$$I_n = \frac{t^{n+1}}{n+1} e^t \Big|_0^1 - \int_0^1 \frac{t^{n+1}}{n+1} e^t dt$$

ですが，第 1 項は $\dfrac{e}{n+1}$，第 2 項の積分自体は (5) と同様に

$$\int_0^1 \frac{t^{n+1}}{n+1} e^t dt < \int_0^1 \frac{t^{n+1}}{n+1} e dt = \frac{e}{(n+1)(n+2)}$$

から

$$I_n > \frac{e}{n+1} - \frac{e}{(n+1)(n+2)} = \frac{e}{n+2}$$

となります． □

他にもいろいろ工夫ができますが，たぶん上記の方法が早いでしょう．この問題で $(\log x)^n$ を $\log(x^n) = n \log x$ ととり違えた誤答がかなりありました．早合点というより苦しまぎれの苦肉の策と推測しましたが，似た式の区別を正しく判断するのが「読解力」の一部です．なお山形大学の入試 (平成 19 年春) に偶然同じ問題がありました．

5.4 累次積分

後述の曲面積・重心・確率変数の期待値はすべて重積分の

課題ですが，累次積分そのものの問題もありました．

問題 5.5　次のそれぞれの積分の値を求めよ．

（ i ）$\displaystyle\int_0^1\left[\int_0^1 \frac{x-y}{(x+y)^3}dy\right]dx$

（ ii ）$\displaystyle\int_0^1\left[\int_0^1 \frac{x-y}{(x+y)^3}dx\right]dy$　　（18 年春；★★）

累次積分の順序を変えると答えが異なる典型例です．

（解）　（ i ）x を止めたとき $x-y=2x-(x+y)$ と変形して

$$\int_0^1 \frac{x-y}{(x+y)^3}dy=\int_0^1 \frac{2x}{(x+y)^3}dy-\int_0^1 \frac{dy}{(x+y)^2}$$

$$=\left[\frac{-x}{(x+y)^2}+\frac{1}{x+y}\right]\Bigg|_0^1=\frac{1}{(x+1)^2}$$

です．したがってそれを x で積分すると

$$\int_0^1 \frac{dx}{(x+1)^2}=-\frac{1}{x+1}\Bigg|_0^1=-\left(\frac{1}{2}-1\right)=\frac{1}{2}$$

になります．

（ ii ）同様に y を止めたとき $x-y=(x+y)-2y$ と変形して

$$\int_0^1 \frac{x-y}{(x+y)^3}dy=\int_9^1 \frac{dy}{(x+y)^2}-\int_0^1 \frac{2y}{(x+y)^3}$$

$$=\left[-\frac{1}{x+y}+\frac{y}{(x+y)^2}\right]\Bigg|_0^1=\frac{-1}{(y+1)^2}$$

です．これを y で積分すると

$$\int_0^1 \frac{-1}{(y+1)^2}dy=\frac{1}{y+1}\Bigg|_0^1=\frac{1}{2}-1=-\frac{1}{2}$$

です．もっとも（ ii ）は x, y を交換して（ i ）の結果を利用す

れば，直ちに答 $-1/2$ を書き下ろすことができます．□

ついうっかり手抜き（?）をして両方とも同じ値 $1/2$ という答があったようですが，成績は比較的よかったと聞いております．

5.5 曲面積

曲面積について一例を挙げます．

問題 5.6　a を正の定数とする．半球面
$x^2+y^2+z^2=a^2$，$z>0$ から，2 個の円柱面

$$\left(x-\frac{a}{2}\right)^2+y^2=\left(\frac{a}{2}\right)^2,\quad \left(x+\frac{a}{2}\right)^2+y^2=\left(\frac{a}{2}\right)^2$$

によって切りとられた部分の面積を求めよ．

（17 年夏，★★）

（解）　一見難しそうで，成績も余りよくなかったようです．答は 2 個の円の一方に属する部分の曲面積の 2 倍です．
$z=\sqrt{a^2-x^2-y^2}$ として

$$1+\left(\frac{\partial z}{\partial x}\right)^2+\left(\frac{\partial z}{\partial y}\right)^2$$

$$=1+\left(\frac{-x}{\sqrt{a^2-x^2-y^2}}\right)^2+\left(\frac{-y}{\sqrt{a^2-x^2-y^2}}\right)^2$$

$$=\frac{a^2}{a^2-x^2-y^2},\quad 平方根は \frac{a}{\sqrt{a^2-x^2-y^2}}$$

ですから，次の重積分を計算することになります．

$$2\iint_{\left(x-\frac{a}{2}\right)^2+y^2\leqq\left(\frac{a}{2}\right)^2}\frac{a}{\sqrt{a^2-x^2-y^2}}dxdy \qquad \cdots(6)$$

この計算はそのまま極座標$(r,\ \theta)$に置き換え，積分域を極座標でうまく表現するのが有効です．積分域は上下対称なので上半分のみをとって2倍すると，動径がrのときの偏角の最大は$\theta_0=\arccos(r/a)$ $(0<r<a)$です（図5.1）．

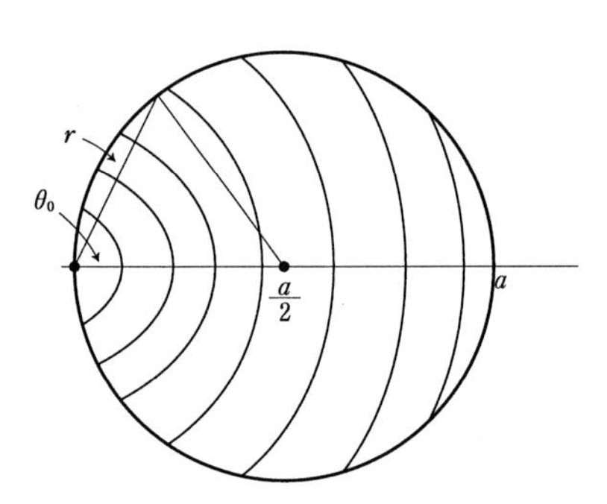

図5.1　問題5.6の領域

したがって，(6) は

$$4a\int_{r=0}^{a}\int_{\theta=0}^{\theta_0}\frac{rdrd\theta}{\sqrt{a^2-r^2}}=4a\int_0^a\frac{r\arccos(r/a)}{\sqrt{a^2-r^2}}dr$$

となります．$r/a=t$ と置換すれば

$$(6)=4a^2\int_0^1\frac{t\cdot\arccos t}{\sqrt{1-t^2}}dt$$

です．部分積分により

$$\begin{aligned}&4a^2\left[-\sqrt{1-t^2}\cdot\arccos t\Big|_0^1-\int_0^1\frac{\sqrt{1-t^2}}{\sqrt{1-t^2}}dt\right]\\&=4a^2\left(\frac{\pi}{2}-1\right)\\&=a^2(2\pi-4)=2a^2(\pi-2)\end{aligned}$$

となります．これが答えです．□

(6) を直接に直交座標のままで計算することも可能ですが，それは読者への演習問題にします．

5.6 重心

一様密度の平面領域 D の重心の座標は

$$\bar{x} = \iint_D x dx dy / S, \quad \bar{y} = \iint_D y dx dy / S \qquad \cdots (7)$$

と表されます．3 次元図形でも同様です．面積 S で割るのを忘れる誤りが非常に多いようです．

問題 5.7　平面上の密度一様な半円

$\{(x,\ y) | x^2 + y^2 \leqq a^2,\ y \geqq 0\}$ の重心の座標を求めよ．

(★★)

この形で出題されてはいませんが，結果的にこれに帰着される問題（半円を合せた図形の重心）が 19 年春にありました．

（解）　対称性から $\bar{x} = 0$ です．$S = \dfrac{\pi}{2} a^2$ であり $\bar{y}$ の分子の積分は

$$\begin{aligned}\iint_D y dx dy &= \int_0^a \left[\int_{-\sqrt{a^2-y^2}}^{\sqrt{a^2-y^2}} dx \right] y dy \\ &= \int_0^a 2y \sqrt{a^2 - y^2}\, dy \\ &= -\frac{2}{3}(a^2 - y^2)^{3/2} \Big|_0^a = \frac{2}{3} a^3 \qquad \cdots (8)\end{aligned}$$

です．したがって $\bar{y} = 4a/3\pi$ となります．

答：$(0,\ 4a/3\pi)$

(8) の計算を極座標に変換して

$$\int_0^{\pi}\left[\int_0^{a} r^2 dr\right]\sin\theta d\theta = \frac{2}{3}a^3$$

と計算したほうがよいかもしれません．この $(0,\ 4a/3\pi)$ という結果を意外（？）と思う方はいませんか？

問題 5.8　平面の密度一様なある図形 D の重心の x 座標が，次の式で計算されるとする．

$$\bar{x} = \int_0^{\frac{\pi}{2}}\left(\int_0^{\sin y} x dx\right)dy \bigg/ \int_0^{\frac{\pi}{2}}\left(\int_0^{\sin y} dx\right)dy. \qquad \cdots(9)$$

（ｉ）この図形を $x,\ y$ 平面上に図示せよ．

（ii）D の重心の座標を求めよ．　　　　（18 年春，★★）

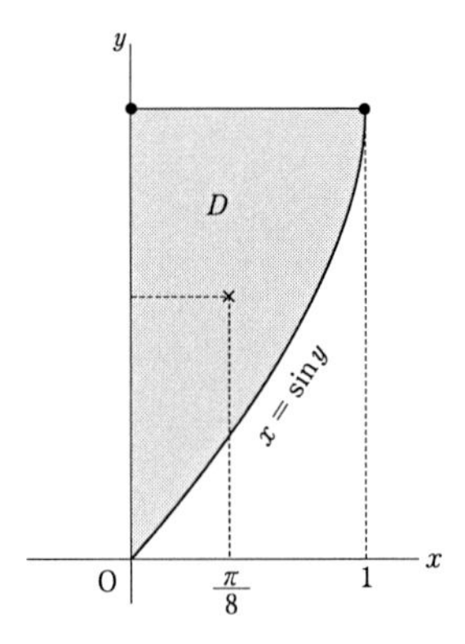

図 5.2　問題 5.8 の領域

（解）　(9) は (7) 式を思い起こすヒントでもあります．(9) から D は

$$D = \{0 \leqq x \leqq \sin y,\ \ 0 \leqq y \leqq \pi/2\}$$

と表されることになるので，（ｉ）の答は図 5.2 のような図形です．その面積は

$$S = \int_0^{\frac{\pi}{2}} \sin y dy = 1$$

であり, (9) の分子は

$$\int_0^{\frac{\pi}{2}} \left(\frac{x^2}{2} \Big|_0^{\sin y} \right) dy = \int_0^{\frac{\pi}{2}} \frac{1}{2} \sin^2 y dy = \frac{\pi}{8}$$

であって $\bar{x} = \pi/8$ です．他方その y 座標は

$$\bar{y}\,S = \int_0^{\frac{\pi}{2}} \left(\int_0^{\sin y} y\,dx \right) dy = \int_0^{\frac{\pi}{2}} y \sin y\,dy$$

$$= -y \cos y \Big|_0^{\frac{\pi}{2}} + \int_0^{\frac{\pi}{2}} \cos y\,dy = 1 \quad \text{（部分積分）}$$

です．（ii）の答（重心の座標）は $(\pi/8,\ 1)$ です．　□

x, y の範囲がそれぞれ $[0,\ 1][0,\ \pi/2]$ なのに重心の座標は前者に π が入り，後者は π と無関係です．成績は全般的にそれほど悪くはなかったようですが，出題者の期待以下だったようです．(9) がヒントになっているので，図形 D（図 5.2）の重心を求めよという設問よりかえってやさしい位ですが，重積分の計算 (9) で x, y の順序を変更して，$(\arcsin x)^2$ の不定積分にてこずった方が多かったようです．これは部分積分を 2 回施して初等関数で計算できます．練習の意味でやってみることをお勧めしますが，ここでの重積分の計算は，上述のように進めたほうが楽です．

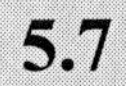

5.7 確率変数の期待値

幾何確率の計算もありましたが，ここでは次の問題を挙げます．

問題 5.9 平面上の4点：
原点O，A(4,2)，B(3,4)，C(−1,2) の作る長方形OABC 上に一様分布する確率変数 $(X,\ Y)$ に対し，積の期待値 $E(XY)$ を求めよ．　　(18年秋，★)

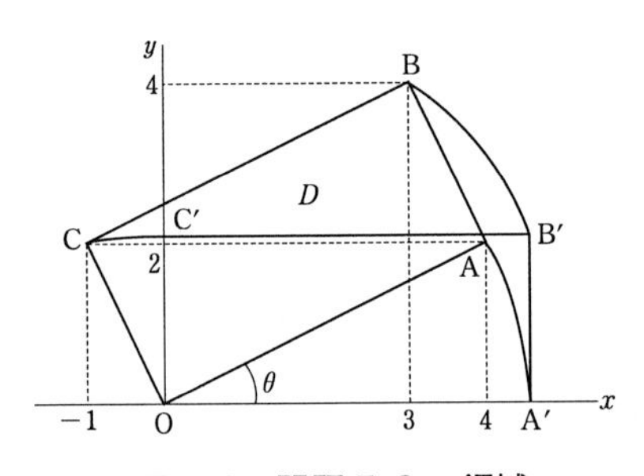

図5.3　問題5.9の領域

(解)　長方形 D について重積分 $\iint_D xydxdy \div$ (D の面積) を計算する問題で，実質的に重積分の問題です．

D の面積は $|OA| = 2\sqrt{5}$，$|OC| = \sqrt{5}$ からその積の10です．この重積分は直接に領域 D を $y = 2$ で上下に分けて計算できます．すなわち下半分では y を止めると $-y/2 \leqq x \leqq 2y$ だから

$$\int_{y=0}^{2}\left[\int_{x=-y/2}^{2y} xydx\right]dy = \int_{0}^{2}\frac{y}{2}\left[(2y)^2-\left(\frac{y}{2}\right)^2\right]dy$$
$$= \int_{0}^{2}\frac{15}{8}y^3dy = \frac{15}{32}\times 2^4 = \frac{15}{2}$$

です．上半分では y を止めると $2y-5 \leqq x \leqq 5-(y/2)$ であり

$$\int_{y=2}^{4}\left[\int_{x=2y-5}^{5-(y/2)} xydx\right]dy$$
$$= \int_{2}^{4}\frac{y}{2}\left[\left(5-\frac{y}{2}\right)^2-(2y-5)^2\right]dy$$
$$= \int_{2}^{4}\frac{15}{8}(4y^2-y^3)\,dy = \frac{15}{8}\left(\frac{4}{3}y^3-\frac{y^4}{4}\right)\Bigg|_2^4$$
$$= \frac{15}{8}\left[\frac{4}{3}(64-8)-\frac{1}{4}(256-16)\right]$$
$$= \frac{15}{8}\times\frac{224-180}{3} = \frac{15}{2}\times\frac{11}{3} = \frac{55}{2}$$

したがって全体は両者の和 $\div 10 = 35/10 = 7/2$ になります．

□

原問題では座標を回転して A, C をそれぞれ正の x, y 軸上の点 $\mathrm{A}'(2\sqrt{5}, 0)$，$\mathrm{C}'(0, \sqrt{5})$ に移し，移動した確率変数 X', Y' を求め，その後にもとに戻すように指示されていました．回転角 $\theta = \angle \mathrm{A'OA}$ は $\cos\theta = 2/\sqrt{5}$, $\sin\theta = 1/\sqrt{5}$ なので，変換は

$$X = X'\cos\theta - Y'\sin\theta,\ \ Y = X'\sin\theta + Y'\cos\theta,$$
$$XY = \frac{2}{5}(X'^2-Y'^2)+\frac{3}{5}X'Y'$$

です．回転した長方形で（面積は同じく 10）

$$E(X'^2) = \frac{\sqrt{5}}{10}\int_{0}^{2\sqrt{5}} x^2dx = \frac{\sqrt{5}}{30}\times(2\sqrt{5})^3 = \frac{20}{3},$$

$$E(Y'^2) = \frac{2\sqrt{5}}{10}\int_0^{\sqrt{5}} y^2 dy = \frac{2\sqrt{5}}{30} \times (\sqrt{5})^3 = \frac{5}{3},$$

$$E(X'Y') = \frac{1}{\sqrt{10}}\int_0^{2\sqrt{5}} x dx \times \frac{1}{\sqrt{10}}\int_0^{\sqrt{5}} y dy$$

$$= \frac{1}{10} \times \frac{(2\sqrt{5})^2}{2} \times \frac{(\sqrt{5})^2}{2} = \frac{5}{2},$$

であり，まとめて

$$E(XY) = \frac{2}{5}\left(\frac{20}{3} - \frac{5}{3}\right) + \frac{3}{5} \times \frac{5}{2} = 2 + \frac{3}{2} = \frac{7}{2}$$

となります（当然前と同じ値）．計算を誤らなければ，このほうが早いでしょう．　□

他にも統計技能と称して，共分散の計算など実質的に重積分の計算問題になる設問がいくつかありました．

5.8 積分と級数

他にも漸化式や体積の計算など興味深い例がありますが，一つだけ面白い（？）関係式を挙げます．

問題 5.10　$\displaystyle\int_0^1 x^{-x} dx = \sum_{n=1}^{\infty} n^{-n}$

を証明せよ．　（17 年春，★★★）

（解）　$$x^{-x} = \exp(-x \log x) = \sum_{n=0}^{\infty} (-x \log x)^n / n! \quad \cdots(10)$$

を項別積分します．$t=\log(1/x)$ と置換すると

$$\int_0^1\left(x\log\frac{1}{x}\right)^n dx=\int_0^\infty t^n e^{-(n+1)t}dt$$

$$=\int_0^\infty\left(\frac{u}{n+1}\right)^n e^{-u}\frac{du}{n+1}\quad((n+1)t=u)$$

$$=\frac{\Gamma(n+1)}{(n+1)^{n+1}}=\frac{n!}{(n+1)^{n+1}}\qquad\cdots(11)$$

です（Γ はガンマ関数）．したがって与式の左辺は

$$\sum_{n=0}^\infty\frac{1}{(n+1)^{n+1}}=\sum_{n=1}^\infty\frac{1}{n^n}$$

となり，右辺と等しくなります．　□

(11) の計算にガンマ関数を活用しましたが，これは部分積分（e^{-u} を積分し u^n を微分する）を反復して計算できます．なお厳密には (10) を項別積分してよいことを証明する必要があります (数検ではそこまで要求してはいないらしいが)．それは (11) から，(10) が絶対収束することにより，確かめられます．

この結果は 18 世紀初頭にヤコブとヨハンのベルヌイ兄弟が示したかなり有名な等式ですが，検定での成績は大変悪かったようです．両辺の形式的類似から区分求積と混同したり，初等関数では表されない左辺の不定積分を計算しようとしたり，はなはだしいのは右辺を $\displaystyle\sum_{n=1}^\infty n^{-2}=\frac{\pi^2}{6}$ と錯覚したりするなどの珍答が多く，本命のテイラー展開 (式 (10) の右辺) に気付いた解答はごく少数でした．そのため難問 (星 3 個) のマークにしましたが，厳密性 (項別積分が許容される点) にこだわらなければ，比較的平易な問題です．

積分の応用例は，他にも慣性能率，重心，曲面積など多数ありますが，それらは巻末の参考書を活用して下さい．

第6章 常微分方程式

微分方程式の問題は近年では数検1級にほぼ毎回出題されています．全微分方程式や偏微分方程式も散見されますが，多くは典型的な1階ないし2階の常微分方程式です．たいていは教科書にある定跡通りに解けますが，確実にするには多少の計算練習が必要なようです．

また採点の都合上なのか，一般解を求めるのでなく，特別な初期値や境界値の下で解く問題がよく出題されています．

6.1 1階常微分方程式 (1)　変数分離型

問題 6.1　$y' = y - y^2$ を初期条件 $y(0) = \dfrac{1}{1+e}$ の下で解け．　(17年春；★)

(解)　典型的な変数分離型です．定跡通りに計算して

$$x+c=\int\frac{dy}{y-y^2}=\int\left(\frac{1}{y}+\frac{1}{1-y}\right)dy=\log\left|\frac{y}{1-y}\right|$$

から，一般解は

$$\frac{y}{1-y}=ae^x,\quad y=\frac{ae^x}{1+ae^x}\ (a=\pm e^c) \qquad (1)$$

となります．初期条件 $x=0$ のとき $y=\dfrac{1}{1+e}$ に合わせると積分定数 $a=1$ であり，答は $y=\dfrac{e^x}{1+e^x}$ です．

少し奇妙な初期値は，答えを綺麗にする小細工 (?) のようです．成績はよかったようです．

この種の不定積分で対数関数が現れるとき，その引き数に絶対値を付けることをうるさく指導する方があります．数学的厳密性のためには必要なのですが，微分方程式の場合には指数関数をとって (1) のような形にすることが多く，積分定数 a に正負の符号をつけて補正できます．実用上ではこのような事実を心得た上で，あまりうるさくいわなくてもよいと思います．

問題 6.2　$\dfrac{dy}{dx}=\tan^2(x+y)$ の一般解を求めよ．

(17 年夏；★★)

これは変数分離型ではありませんが，$x+y=z$ と置き換えて，z と x の変数分離型に帰着できます．

(解)　$x+y=z$ と置くと $\dfrac{dy}{dx}=\dfrac{dz}{dx}-1$ であり，与えられた微分方程式は，変数分離型の方程式

$$\frac{dz}{dx} = 1 + \tan^2 z = \frac{1}{\cos^2 z}$$

になります．定跡通りに解いて

$$x + c = \int \cos^2 z\, dz = \int \frac{1}{2}(1 + \cos(2z))\, dz$$
$$= \frac{z}{2} + \frac{\sin(2z)}{4}$$

すなわち

$$\sin(2(x+y)) = 2(x-y) + a \quad (a = 2c) \tag{2}$$

となります．これは x, y の陰関数表示の形の一般解です．(2) を y について解こうという無駄な努力は，しない方が賢明でしょう．

成績は意外によくなかったようです．誤答よりも無答（白紙）が多かったようですが，手がつけられなかったのか，(2) を y について解こうとしてうまくいかなくてあきらめたのか，その理由はよくわかりません．「一般解」の解釈について，多少不親切（？）な設問という印象を受けました．

6.2　1階常微分方程式 (2)　同次形

問題 6.3　$x^2 \dfrac{dy}{dx} = x^2 + 3xy + y^2$ の，$x = 1$ のとき $y = 1$ となる解を求めよ．（18年秋；★★）

典型的な同次方程式で，定跡通り $y = ux$ と置き換えて解くことができます．

（解）　$y = ux$ とおくと $\dfrac{dy}{dx} = u + x\dfrac{du}{dx}$ であり，原方程式から

$$x\frac{du}{dx} = 1 + 3u + u^2 - u = (1+u)^2$$

という変数分離型の方程式をえます．これを解いて

$$\int \frac{du}{(1+u)^2} = \int \frac{dx}{x}, \quad -\frac{1}{1+u} = \log|x| + c$$

です．$x=1$ のとき $y=1$，$u=1$ なので積分定数 $c=-1/2$ であり，u について解くと

$$1+u = 1\Big/\left(\frac{1}{2} - \log|x|\right), \quad y = x \cdot \frac{1+2\log|x|}{1-2\log|x|} \tag{3}$$

となります．(3) の右辺で $x=1$ から接続するとき，$x = e^{1/2}$ ($\fallingdotseq 1.64872\cdots$) で $y \to +\infty$ となり（いわゆる解の爆発），それより大きい x では無意味になります．また $x=0$ では $y=0$ であって，$x<0$ にも接続できます．しかしこの種の吟味は，特に要求された場合以外は考えなくてよいでしょう．

(3) が実際にもとの方程式を満足することの検算も案外大変です．計算練習にやってみるとよいでしょう．成績は余りよくなかったようです．とくに微分方程式の解（特殊解にしても関数であるべきもの）に対して数値が記された誤答が目につきました．その多くは $x=1$, $y=1$ のときの dy/dx の値を計算したもののようでした．これは「数学的センスがない」といわれても仕方がないでしょう．

6.3 2 階常微方程式 (1)　簡単な一例

問題 6.4　$yy'' + (y')^2 + 1 = 0$ の一般解を求めよ．

(18 年夏；★)

(解)　$yy'' + (y')^2 = (yy')'$ に注意すれば直ちに中間積分

$$yy' = a - x$$

をえます．$2yy' = (y^2)'$ に注意して積分すれば

$$y^2 = \int 2(a - x)\,dx = b + 2ax - x^2 \tag{4}$$

をえます．(4) の平方根をとってもよいのですが $x^2 - 2ax + y^2 = b$，すなわち $(x - a)^2 + y^2 = b + a^2$ とまとめれば，一般解は x 軸上に中心をもつ**円の族**です．これが実の円であるためには，2 個の積分定数 a, b が $a^2 + b > 0$ を満足しなければなりません．

厳密にいうと x 軸との交点では $|y'| = \infty$ であって難がありますが，そこでは $yy'' + (y')^2$ の極限値が -1 に等しいことを計算して合理化できます．微分方程式の解は「関数」と考えるよりも「曲線」と解釈したほうが好都合な場合が多いので，(4) の平方根をとるより，円の方程式 $(x - a)^2 + y^2 = r^2$ を答えたほうがよさそうです (どちらも正解としたようですが)．

成績はよかったようですが，積分定数を忘れて (4) を $y^2 = -x^2$ として困った解答があったようです．微分方程式を解く場面では積分定数を忘れてはいけません．初期条件などが指定されているときには，早めにその値を決めるのが賢明です．

6.4　2階常微分方程式 (2)　線型方程式

問題 6.5　$y''+2xy'+2e^{-x^2}=0$ の解 $y=y(x)$ で

$$\lim_{x\to-\infty}y(x)=\lim_{x\to+\infty}y(x)=0 \tag{5}$$

を満たす関数を求めよ.　(17年春；★★)

一種の極限境界値問題です．定跡は一般解を求めて条件 (5) に合うように定数を定める方式ですが，若干の工夫をしたほうがよいでしょう．与式は実は $z=y'$ に関する1階線型常微分方程式です.

(解)　まず $y'=z$ を未知数として同次方程式

$$z'+2xz=0$$

を解くと，

$$x^2+c=\log|z| \text{ すなわち } z=ae^{x^2}\quad (a=\pm e^c)$$

です．これから

$$e^{x^2}(y''+2xy')=(e^{x^2}y')'$$

がわかりますから，最初の微分方程式に e^{x^2} を掛けて

$$e^{x^2}(y''+2xy')=(e^{x^2}y')'=-2,$$

$$\text{これを積分して } e^{x^2}y'=-2x+b$$

をえます．$y'=-2xe^{-x^2}+be^{-x^2}$ であり，積分して

$$y=e^{-x^2}+b\int e^{-x^2}dx+c \tag{6}$$

となります．極限の条件を考慮すると，$e^{-x^2}\to 0$ $(x\to\pm\infty)$

から $c=0$．そして $\int_{-\infty}^{\infty} e^{-x^2}dx > 0$（具体的な値は $\sqrt{\pi}$）ですから，$x \to \pm\infty$ でともに 0 に近づくためには，$b=0$ でなければなりません．答は $y = e^{-x^2}$ です．□

これも成績はよかったようですが，(6) において e^{-x^2} の不定積分が初等関数で表されないのに手こずった方があったようです．この問題では最後の積分定数 b, c がともに 0 になるのが正答なので，積分定数を忘れると，かえって簡単に「正解」がでます．しかしそれは「偶然の成功」であって，実質的には不完全です．

6.5 ダランベールの微分方程式

問題 6.6　次のダランベールの微分方程式を解け．

$$y = 2x\frac{dy}{dx} + \left(\frac{dy}{dx}\right)^2 \qquad \cdots(7)$$

（19 年夏；★★★）

ダランベールの名がヒントらしいが，ラグランジュの方程式ともいうし，近年ではこの種の古典的微分方程式の求積解法は大学の講義で扱われていないようです．解法を知らないと難問であり，正答者は皆無，まともな特殊解（後述の (13)）を求めたのもごく少数でした．

(解)　この種の微分方程式を解く定跡は，$p = dy/dx$ を別の変数と考え，方程式を $y = 2xp + p^2$ として，x について**微分する**ことです(同種の $y = x\varphi(p) + \psi(p)$ にも共通する手法)．次にその計算をした結果

$$p = 2p + (2x + 2p)\frac{dp}{dx} \text{ を } p\frac{dx}{dp} + 2x + 2p = 0 \qquad \cdots(8)$$

と変形して，p を独立変数，x を未知関数とする x の**線型方程式**と考えます．(8)の解は

$$\frac{d}{dp}(xp^2) + 2p^2 = 0 \text{ すなわち } xp^2 = a - \frac{2}{3}p^3 \qquad \cdots(9)$$

と表されます(a は積分定数)．これを最初の(7)と連立させると

$$x = ap^{-2} - 2p/3, \quad y = 2ap^{-1} - p^2/3 \qquad \cdots(10)$$

という形で p を媒介変数とする表現が一応の一般解です．ここまでならそれ程難しくはないと思いますが，(10)を示した解答も(私が見た限り)皆無でした．

(10)から p を消去するのは別の難問です．一般的には

$$2p^3 + 3xp^2 - c = 0, \quad p^3 + 3yp - 2c = 0 \qquad \cdots(11)$$

($3a = c$ と置換)を p の連立3次方程式とみて終結式を計算すればよいのですが，それは大変な作業です．この場合には(11)から p^3 を消去した2次式

$$xp^2 - 2yp + c = 0$$

と原方程式 $p^2 + 2xp - y = 0$ とからまず p^2 を消去して p を x, y, c で表し，それを原方程式に代入することにより，最終的に次の一般解をえます．

$$y^2(4y + 3x^2) - 2cx(3y + 2x^2) - c^2 = 0 \qquad \cdots(12)$$

これを y について解く必要はありません．　□

(7) には $p=0$ に対応する $y=0$ という特別な解がありますが，これは(12)で $c=0$ とした特殊解

$$y=0 \text{ と } y=-3x^2/4 \qquad \cdots(13)$$

に含まれます．(13) を求めた（(11) で $c=0$ とした）だけでも「まともな解」と思います．また $c=-1$ のときの

$$4(x^3+y^3-1)+3(xy+1)^2=0$$

は綺麗な特殊解ですが，逆にこれが原方程式(7)を満たすことを確かめるのは大変な演習問題です．

6.6 力学への応用例

近年の一時期，2 次（数理）の必須問題に，しばしば力学関連の問題が出題されました．具体的には単振子とか，速度に比例する抵抗を受ける放物体などで，実質的には標準的な微分方程式の課題です．以下ではそれと関連して，検定問題ではないが，速度に比例する抵抗を受ける落体の運動を論じます．

問題 6.7 一様な重力場で，速度に比例する抵抗を受ける落体の運動を論ぜよ．運動は 1 次元なので，最初に質点が時刻 $t=0$ において $y=0$ で静止していたとし，y 軸を下方が正になるようにとって計算せよ．（★）

（解） 物体の質量を m，重力加速度を g，抵抗係数を ℓ とす

ると，働く力は $mg-\ell y'$ となり，微分方程式

$$my''=mg-\ell y' \qquad 初期条件：\ y(0)=y'(0)=0 \tag{14}$$

を得ます．(14) は定数係数の線型2階常微分方程式

$$y''+(\ell/m)y'=g \tag{14'}$$

であり，その一般解は独立変数を t ; a,b を積分定数として

$$y=ae^{-(\ell/m)t}+b+(gm/\ell)t$$

の形です．初期値から積分定数を定めると

$$y=-\frac{gm^2}{\ell^2}(1-e^{-\ell t/m})+\frac{gmt}{\ell} \tag{15}$$

と表されます．多くの場合 ℓ/m がかなり大きな値なので $e^{-\ell t/m}$ は速やかに0に近づき，ある程度の時間がたつと $y=\dfrac{gm}{\ell}\left(t-\dfrac{m}{\ell}\right)$ という等速運動になります．最終速度は gm/ℓ です．これは重力定数 g に比例，抵抗係数 ℓ に反比例するほか質量 m にも比例し，重いものほど早く落下します．

□

この結論は我々が日常経験するところであり，古代の「アリストテレスの力学」とぴったりです．しかしガリレオの有名な (伝説的な) 実験を習うと，違和感を感じませんか？

この問題をわざわざ取り上げたのもそのためです．実はあるテレビの教育番組で，次のような実験を見ました．

シャボン玉を，空気以外に純酸素や二酸化炭素など，いろいろな気体で膨らませて放つ実験です．水素やヘリウムだと浮上しますが，空気より思い気体では落下し，重い気体ほど早く落下する光景を見ました．シャボン玉は軽くて，空気抵抗が強いので，問題6.7の結果が適用されます．しかしこの

種の実験が，落体の運動を学ぶ折に，障害にならないことを望みます．

最後に検定問題には出題されていないが，実用上で注意すべき，係数に不連続点がある微分方程式の例を述べます．

6.7 係数に不連続点がある微分方程式

問題 6.8　$\mathrm{sgn}(x)$を，$x<0$のとき-1，$x>0$のとき$+1$（$x=0$のときは0）という不連続関数とする．次の微分方程式の解で，境界条件$y(-1)=1$, $y(1)=1$を満たすC^1級（いたる所微分可能で導関数が連続）の解を求めよ．（★★）

$$y''(x)+\mathrm{sgn}(x)\cdot y'(x)=1 \tag{16}$$

（解）　このような不連続な係数をもつ微分方程式は，昔の教科書には見掛けませんが，近年実用上では重要視されています．数学検定でもいずれ取り上げられるかもしれません．

当面の問題では，$x<0$と$x>0$とで別々の方程式としてそれぞれの一般解を求め，与えられた境界条件と，つなぎ目の$x=0$で，$y(x), y'(x)$がともに連続（左右の極限値が一致する）という条件で積分定数を定めます．このような考え方は「学校では教わらない」かもしれませんが，各自で考えついてよい技法と思います．

当面の課題では，$x<0$では$y''-y'=1$なので，余因子はae^x+k（a,kは定数），特殊解は$-x$で，一般解は

$$ae^x + k - x$$

と表されます．同様に $x > 0$ では $y'' + y' = 1$ なので，余因子は $be^{-x} + \ell$（b, ℓ は定数），特殊解は x で，一般解は

$$be^{-x} + \ell + x$$

と表されます．$x = \pm 1$ での値を代入すると

$$ae^{-1} + k + 1 = 1,\quad be^{-1} + \ell + 1 = 1 \qquad \cdots(17)$$

です．また $x = 0$ での左右の値と微分係数が等しいので

$$a + k = b + \ell,\quad a - 1 = -b + 1 \qquad \cdots(18)$$

です．(17) の2式の和から $(a+b)e^{-1} + k + \ell = 0$ ですが，(18) の後の式から $a + b = 2$ なので $k + \ell = -2e^{-1}$ です，他方 (17) の両式の差と (18) の第1式から

$$(a-b)e^{-1} + (k-\ell) = 0,\quad (a-b) + (k-\ell) = 0 \qquad \cdots(19)$$

です．$e^{-1} \neq 1$ ですから (19) から $a - b = k - \ell = 0$ となり，結局積分定数は次のように定まります．

$$a = b = 1,\quad k = \ell = -e^{-1}$$

求める解は，$x \leqq 0$ では $y = e^x - x - e^{-1}$, $x \geqq 0$ では $y = e^{-x} + x - e^{-1}$ です．$y = e^{-|x|} + |x| - e^{-1}$ とまとめることもできますが，それぞれの区間で別々に表示したほうが有用です． □

この例では解は左右対称であり，$x = 0$ で余り大きな変化をせず，滑らかにつながります．しかし一般的には，もとの方程式の係数にジャンプ型の不連続点があると，解がその点の近くで急激に変化する「内部遷移層」を生ずるのが通例です．

［**付記**］ 連載記事では，この後に応用として，高階導関数の連鎖律を論じました．これは本章の内容からは異質なので，第8章の末尾に移しました．

第 7 章 その他の諸分野

これまでは原則として各章で一つずつの分野を中心に扱いました．本章以後はそれに漏れた諸分野についていくつか解説します．

7.1 確率

以前にはほぼ毎回のように確率の問題が出題されていました．少し影が薄くなった時期もありましたが，重要な分野なので例示します．

問題 7.1 A の袋に 2，4，6 の数字を書いたカードが 1 枚ずつ，B の袋に 1，3，5 の数字を書いたカードが 1 枚ずつ入っている．A から無作為にカードを 1 枚抜き出し，その数を X とおく．そのカードを戻さずに $X = 6$ なら B の袋から，$X = 2$ または 4 ならば A の袋から無作為に 1 枚のカードを取り出しその数を Y とする．確率変数 $X + Y$ に対してその期待値と分散を求めよ．　(17 年春；★)

(解)　$X+Y$ の確率分布を求めます．起る可能性は次の表のとおりです．（　）内はその事象の確率です．

X	Y	$X+Y$
6 (1/3)	1, 3, 5 (各 1/3)	7, 9, 11 (各 1/9)
2 (1/3)	4, 6 (各 1/2)	6, 8 (各 1/6)
4 (1/3)	2, 6 (各 1/2)	6, 10 (各 1/6)

すなわち $X+Y$ の確率分布は 6 (1/3), 7 (1/9), 8 (1/6), 9 (1/9), 10 (1/6), 11 (1/9) です．平均値（期待値）は

$$\frac{1}{3}\times 6+\frac{1}{9}\times 7+\frac{1}{6}\times 8+\frac{1}{9}\times 9+\frac{1}{6}\times 10+\frac{1}{9}\times 11=8$$

になります．分散は直接に計算して

$$\frac{1}{3}\times(6-8)^2+\frac{1}{9}\times(7-8)^2+\frac{1}{6}\times(8-8)^2$$
$$+\frac{1}{9}\times(9-8)^2+\frac{1}{6}\times(10-8)^2+\frac{1}{9}\times(11-8)^2$$
$$=3\frac{2}{9}=\frac{29}{9}$$

となります．　□

問題 7.2　白球 2 個，黒球 10 個を A, B 2 つの袋に分配する．無作為に（確率 1/2 ずつで）袋 A, B を選び，無作為にそれから 1 個取りだしたときに白球である確率を考える．それが最大，最小となるのは，それぞれ A, B への分配がどうなっているときか？ そのときの確率をも求めよ．

（18 年春；★★）

この問題にはちょっとしたあいまい性がありました．「袋に分配する」というのを，出題者は「少なくとも 1 個をどちらの袋にも入れる」と考えていたようですが，解答には「一方が空

の場合も許す」(もちろん空袋から球の出る確率は 0) として解いた方がかなりありました．この解釈の違いで答が変るので無視できません．結果的には両方とも正解としたようですが，問題文の吟味が大切な一例です．

(解)　A, B どちらの袋に入れても対称なので

A：白球 2 個，黒球 n 個　　B：黒球 $10-n$ 個

A：白球 1 個，黒球 n 個　　B：白球 1 個，黒球 $10-n$ 個

$(0 \leqq n \leqq 10$ ；両端の等号は空袋を許すかどうかによる) の場合を調べれば十分です．第 1 の場合は白球の出る確率が

$$\frac{1}{2}\cdot\frac{2}{2+n}+0=\frac{1}{2+n},\quad \frac{1}{2}\geqq\frac{1}{2+n}\geqq\frac{1}{12} \qquad \cdots(1)$$

であり，第 2 の場合はその確率が

$$\frac{1}{2}\cdot\frac{1}{1+n}+\frac{1}{2}\cdot\frac{1}{1+10-n}=\frac{6}{(1+n)(11-n)} \qquad \cdots(2)$$

です．(2) の分母の 2 次式は $0 \leqq n \leqq 10$ の範囲では $n=0,10$ のとき最小値 11，$n=5$ のとき最大値 36 をとり，確率は 6/11 と 1/6 の間です．$6/11 > 1/2 > 1/6 > 1/12$ なので「最大は白球が両方に 1 個ずつ，黒球が全部一方の袋に入ったときで確率は 6/11」です．「最小は (1) で $n=10$ としたとき，すなわち全部の球を一方の袋に入れたときの 1/12」です．但し空袋を許さないのなら (1) で $n=9$ としたとき，すなわち一方の袋に黒球 1 個を入れ，他をすべて他方の袋に入れたたときで，確率は 1/11 です．　□

以上は離散的な確率ですが，連続体上の幾何学的確率の問題もありました．これは実質的に定積分の計算になります．また統計関係も選択問題としてよく出題されています．選択者が少なく，私自身も標準模範解答に従って採点していた実

態なので具体例は省略します．特に外れ値の棄却可否に関する検定問題については，是非専門家の方の御意見を伺いたいと思います．

7.2 作図問題

問題 7.3　直線 l 上に座標がそれぞれ $\sqrt{2}$，$\sqrt{3}$ に相当する点 A, B が与えられている．定規とコンパスを使って，l 上での原点 O と単位点（1 を表す点）E を作図せよ（手順を示してもよい）．　（19 年春；★）

（解）　準 1 級，2 級などとの関連問題として出題されたやや異質な問題です．選択問題であり，解答者は僅かだが成績はよかったようです．この種の具体的な作図問題が，たまに出題されています．

大半の解答は線分 AB の長さ $\sqrt{3}-\sqrt{2}$ が既知なので，それを一辺とする直角二等辺三角形と正三角形を作り，前者の斜辺と後者の中線の 2 倍：

$$\sqrt{2}(\sqrt{3}-\sqrt{2})=\sqrt{6}-2,$$

$$\sqrt{3}(\sqrt{3}-\sqrt{2})=3-\sqrt{6}\text{，両者の和は 1}$$

を作図して，同様に $\sqrt{2}$，$\sqrt{3}$ を構成する方式でした．それで正しいのですが，次の解答はいかがでしょうか（図 7.1）．

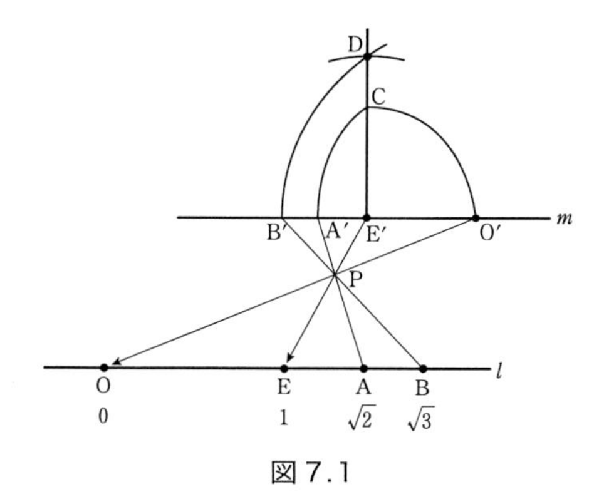

図 7.1

1°　l に平行な直線 m を引きその上に点 O′, E′ をとる．E′ を通って m に垂直な直線上に E′C = E′O′ である点 C をとる（これらの作図に関する線は，図 7.1 で（C の作図以外は）省略した）．

2°　E′C の延長上に E′D = CO′ である点 D をとる．

3°　l 上に O′ から見て E′ と同じ側に O′A′ = O′C, O′B′ = O′D である点 A′, B′ をとる．

4°　直線 AA′, BB′ の交点 P をとる．O′P, E′P（またはその延長）と直線 l との交点 O, E が所要の点である．□

証明はまず 1°, 2° の作図から O′A′ = $\sqrt{2}$ O′E′, O′B′ = $\sqrt{3}$ O′E′ ($\sqrt{2} = \sqrt{1+1}$, $\sqrt{3} = \sqrt{1+(\sqrt{2})^2}$) に注意します．4° は相似形の応用（平行線に対する比の移動）です．これは相似図形を構成してあてはめる考え方です．□

直線 m と点 O′, E′ は任意ですが全体の作図がしやすいように工夫がいります．O′E′ を逆向きに採って相似中心点 P を両直線 l, m の間に来るようにするのも一工夫です．なお点 B′

は E′ に対する O′ の対称点 O″ をとり，線分 O′O″ を一辺とする正三角形の第3頂点を F とし，O′B′ = E′F としても作図できます．この解答は同じ回の準1級の類似問題に現れた名解答の真似です．

7.3 多項式を定める問題

問題 7.4　次の数列はある4次関数 $f(x)$ に順次 $x = 2, 3, 4, 5, 6$ を代入したときの値である：

$$0\ \ 18\ \ 80\ \ 225\ \ 504.$$

$f(x)$ の式を求めよ．　(17年秋；★)

(解)　4次式 $f(x) = ax^4 + bx^3 + cx^2 + dx + e$ とおいて係数に関する連立一次方程式を作って解くのが素朴な方法です(それも練習に試るとよいのですが)．ここでは一工夫します．$f(2) = 0$ だから $f(x) = (x-2)g(x)$，$g(x)$ は3次式と変形し，$g(x)$ の値とその逐次の差分(階差)をとると，次の表のようになります(斜線から右)．

x	0		1		2		3		4		5		6
$g(x)$	0		1		6		18		40		75		126
Δg		1		5		12		22		35		51	
$\Delta^2 g$			4		7		10		13		16		
$\Delta^3 g$				3		3		3		3			

$g(x)$ が 3 次式なら 3 階差分 $\Delta^3 g$ は定数です．それが 3 なら $g(x)=\frac{3}{3!}x^3+\cdots=\frac{1}{2}x^3+\cdots$ のはずです．そのことを念頭において表を左へ接続する（$\Delta^3 g$ を一定とする）と斜線から左のようになります．$g(0)=0$ から $g(x)=xh(x)$ であり，$h(x)$ は $x^2/2+\cdots$ の形の 2 次式です．$2h(x)$ の値は $x=1,2,3,4$ のときそれぞれ $2,6,12,20,\cdots$ で，これは $x(x+1)$ です．まとめて $g(x)=\frac{1}{2}x^2(x+1)$，$f(x)=\frac{1}{2}x^2(x+1)(x-2)=\frac{1}{2}(x^4-x^3-2x^2)$ です．　□

推測的な部分がありますが，求めた $f(x)$ に $x=2\sim 6$ を代入して当初の値がえられることを確かめれば，所要の多項式が一意的なので，これが正しい答です．

もちろん $f(x)$ の値から直接に高階差分を $\Delta^4 f=12$ まで作って計算することも可能です．それを試みると，$x=0,-1$ のときの値がともに 0 になるので $f(x)=x(x+1)(x-2)\times$（1 次式）となります．比をとって末尾の 1 次式が $x/2$ になります．原問題には $f(1)$ の値を求めよ（答は-1）という設問がついていました．差分を作れというヒントだと思います．類似問題（3 次式）が準 1 級／2 級に時折出題されています．

問題 7.5　恒等的に

$$A(x)(3x^3+1)+B(x)(2x^2+1)=17(10x+1)$$

を満足する最低次の多項式 $A(x)$，$B(x)$ を求めよ．

（18 年秋；★★）

(解)　最もオーソドックスな計算法は，与えられた多項式 $P_0(x)$ と $P_1(x)$ との間に互除法の計算

$$P_{k-1}(x)\div P_k(x)=Q_k(x)\quad \text{余り}\ P_{k+1}(x)\quad (k=1,2,\cdots)$$

を反復し，$u_0=1$，$u_1=0$，$v_0=0$，$v_1=1$ から始めて毎回

$$u_{k+1}=u_{k-1}-Q_k(x)u_k,\quad v_{k+1}=v_{k-1}-Q_k(x)v_k$$

を計算する方法です．余り $P_{l+1}=0$（恒等的に）となったとき一つ前の $P_l(x)$ が P_0，P_1 の最大公因子 GCD です．定義から

$$u_kP_0+v_kP_1=P_k$$

が成立するので

$$u_lP_0+v_lP_1=P_l=\mathrm{GCD}(P_0,\ P_1)$$

です．これに適当な多項式を掛けて右辺と合せれば所要の $A(x)$, $B(x)$ をえます．

そのように計算しますと，$P_0=3x^3+1$，$P_1=2x^2+1$ として

$$P_0\div P_1=\frac{3}{2}x\quad \text{余り}\ -\frac{3}{2}x+1,\ u_2=1,\ v_2=-\frac{3}{2}x$$

$$P_1\div P_2=-\frac{4}{3}x-\frac{8}{9}\quad \text{余り}\ \frac{17}{9}\ (\text{最大公因子})$$

$$u_2=\frac{4}{3}x+\frac{8}{9},\quad v_2=1-\frac{4}{3}x-2x^2$$

をえます．つまり P_0 と P_1 とは互いに素です．したがって u_2，v_2 に $9(10x+1)$ を掛けた

$$u(x)=(12x+8)(10x+1)=120x^2+92x+8$$

$$v(x)=(9-12x-18x^2)(10x+1)$$
$$=-180x^3-138x^2+78x+9$$

が一応の解です．しかしこれは最低次ではありません．前者に $-60(2x^2+1)$，後者に $60(3x^3+1)$ を加えて最高次の係数を 0 にした

$$A(x) = 92x - 52, \quad B(x) = -138x^2 + 78x + 69 \qquad \cdots(3)$$

が求める解です．実際に代入して条件を満たすことが確かめられます．　□

もっと素朴に考えるなら，$A(x)$を1次式$ax+b$，$B(x)$を2次式cx^2+dx+eとして条件に合わせると

$$3a + 2c = 0, \quad 3b + 2d = 0, \quad 2e + c = 0,$$
$$a + d = 170, \quad b + e = 17$$

という連立方程式をえます．これから消去して

$$2b - c = 34, \quad 2a - 3b = 340, \quad 3a + 4b = 68$$

をえ，最後の2式から$a = 92$，$b = -52$となり，$c = -138$，$d = 78$，$e = 69$として(3)をえます．

このように計算すればそれほど難しくないと思いますが，答えの係数が大きな整数であり，途中の計算誤りが多かったせいか，正答率は予想をはるかに下回ったようです．

7.4　級数と漸化式

問題 7.6　$\displaystyle\sum_{n=1}^{\infty} \arctan \frac{1}{n^2+n+1}$を求めよ．逆正接関数は$-\pi/2$と$\pi/2$の間の主値をとるものとする．

(17年夏；★)

(解)　一見難しいそうですが

$\dfrac{1}{n^2+n+1}=\left(\dfrac{1}{n}-\dfrac{1}{n+1}\right)\Big/\left(1+\dfrac{1}{n}\cdot\dfrac{1}{n+1}\right)$から

$$\arctan\frac{1}{n^2+n+1}=\arctan\frac{1}{n}-\arctan\frac{1}{n+1}$$

がわかります．この変形により第 m 項までの和は

$$\arctan 1-\arctan\frac{1}{m+1}=\frac{\pi}{4}-\arctan\frac{1}{m+1}$$

であり，$m\to\infty$ とした極限値は $\pi/4$ です．□

問題 7.7　$\displaystyle\sum_{n=0}^{\infty}(-1)^n\frac{1}{3^n}\cos^3(3^n x)$ を求めよ

（18 年春；★）

（解）　3 倍角の公式 $\cos 3x=4\cos^3 x-3\cos x$ から

$$\cos^3(3^n x)=[\cos(3^{n+1}x)+3\cos(3^n x)]/4$$

と変形でき，次々の項が消去され，m 項までの和は

$$\frac{3}{4}\cos x+\frac{(-1)^m}{4\times 3^m}\cos(3^{m+1}x)$$

です．$m\to\infty$ とすれば後の項は 0 に収束して，和は $(3/4)\cos x$ になります．□

$\displaystyle\sum_{k=1}^{\infty}\frac{k}{1+k^2+k^4}$（18 年秋；★）も同巧異曲で，項を部分分数に分解すれば，和 1/2 をえます．

問題 7.8 次の漸化式で与えられる a_n を n に関する式で表せ．

$$a_1 = 10,\ \ a_2 = 2,$$
$$a_{n+1}^2 = a_n \cdot a_{n+2} + 5a_{n+1} \cdot a_{n+2} \quad (n = 1, 2, 3, \cdots)$$

また $\sum_{n=1}^{\infty} a_n$ を求めよ． (17 年夏；★★)

(解) 漸化式で最初の何項かを計算してみますと

$$a_3 = \frac{4}{20} = \frac{1}{5},\quad a_4 = \left(\frac{1}{5}\right)^2 \div 3 = \frac{1}{75},$$
$$a_5 = \left(\frac{1}{75}\right)^2 \div \frac{4}{15} = \frac{1}{1500}$$

となります．相隣る項の比をとると

$$\frac{a_2}{a_1} = \frac{1}{5},\quad \frac{a_3}{a_2} = \frac{1}{10},\quad \frac{a_4}{a_3} = \frac{1}{15},\quad \frac{a_5}{a_4} = \frac{1}{20}$$

から

$$\frac{a_{n+1}}{a_n} = \frac{1}{5n},\quad a_n = \frac{2}{5^{n-2}(n-1)!} \qquad \cdots(4)$$

と予想されます．(4)が正しいことは a_{n+1} まで正しいとして数学的帰納法によって証明できます． $a_1 = 10$， $a_2 = 2$ が正しいので，漸化式に代入すると

$$a_{n+2} = \frac{a_{n+1}^2}{a_n + 5a_{n+1}}$$
$$= \frac{2}{5^{n-1}n!} \times \frac{2}{5^{n-1}n!} \div \left(\frac{2}{5^{n-2}(n-1)!} + \frac{2}{5^{n-2}n!}\right)$$
$$= \frac{2}{5^n n!} \times \frac{1}{n+1} = \frac{2}{5^n(n+1)!}$$

となり $n+2$ のときも成立します． a_n は (4) で与えられ，その和は $n = k+1$ と置き換えて

$$\sum_{n=1}^{\infty} a_n = 2\times 5\cdot\sum_{k=0}^{\infty}\frac{1}{k!}\left(\frac{1}{5}\right)^k = 10e^{1/5}(=12.2140\cdots) \qquad \cdots(5)$$

です．　□

a_n が急激に 0 に近づくので，和の数値は最初の数項でよく近似されます（最初の 4 項で 12.213…）．(4) を正しく求めたが (5) の和を誤った（指数関数を表す級数 $e^x=\sum_{n=0}^{\infty}\frac{x^n}{n!}$ を知らない？）解答が多かったようです．

7.5 三角関数

問題 7.9　$\sec 42^\circ = \frac{1}{\cos 42^\circ}$ を根号のついた数の形で表せ．答は分母を有理化して示せ．　（18 年秋；★★）

（解）　$\sin 18^\circ = \frac{\sqrt{5}-1}{4}$，$\cos 18^\circ = \frac{\sqrt{10+2\sqrt{5}}}{4}$ を知っていれば

$$\begin{aligned}\cos 42^\circ &= \cos(60^\circ - 18^\circ)\\ &= \cos 60^\circ \cos 18^\circ + \sin 60^\circ \sin 18^\circ\\ &= [\sqrt{10+2\sqrt{5}}+\sqrt{3}(\sqrt{5}-1)]/8\end{aligned}$$

です．$\sec 42^\circ$ はこの逆数です．分母を有理化するために $\sqrt{10+2\sqrt{5}}-\sqrt{3}(\sqrt{5}-1)$ を掛けると

$$\sec 42^\circ = \frac{8[\sqrt{10+2\sqrt{5}}-\sqrt{3}(\sqrt{5}-1)]}{10+2\sqrt{5}-3(\sqrt{5}-1)^2} \qquad \cdots(6)$$

ですが，この分母は $-8+8\sqrt{5}$ とまとめられ，(6) は

$$\frac{\sqrt{10+2\sqrt{5}}}{\sqrt{5}-1}-\sqrt{3}$$

と簡易化されます．この第 1 項は分母子に $\sqrt{5}+1$ を掛けて

$$\begin{aligned}\sqrt{(10+2\sqrt{5})(\sqrt{5}+1)^2}/4 &= \sqrt{80+32\sqrt{5}}/4\\ &= \sqrt{5+2\sqrt{5}}\end{aligned}$$

と簡易化され，最終的には次のようにまとめられます．これが正解です．

$$\sqrt{5+2\sqrt{5}}-\sqrt{3}\quad(=1.3456327\cdots)$$ □

実質的に無理数の計算ですが，18° などの三角比の値を求めようとした苦心がみられました．

気の毒な（？）誤答は $x=\cos 42°$ を求めるのに 5 倍角の公式を使って 5 次方程式

$$16x^5-20x^3+5x=-\sqrt{3}/2 \qquad \cdots(7)$$

を作ったのはよいが，一つの特殊解 $x=\sqrt{3}/2$ $(=\cos 30°)$ をみつけてそれを求める解と早合点（？）したものです．(7) の解は $\cos\theta$ ： $\theta=30°,\ 42°,\ 102°,\ 114°,\ 174°$ の 5 個あり，(7) を正しく解いて $1/\sqrt{2}$ に近い数値の解を選ぶ必要があります．実際には (7) を作った解答は多いが，それを正しく解くことに成功した方はほとんどありませんでした．

問題 7.10　n $(\geqq 2)$ を正の整数として，次の乗積を求めよ．

$$\prod_{k=1}^{n-1}\sin\frac{k\pi}{n}=\sin\frac{\pi}{n}\cdot\sin\frac{2\pi}{n}\cdots\sin\frac{(n-1)\pi}{n}$$

（18 年春；★★★）

(解)　かなりの難問です．積を P_n とおき，具体的に $n=2,3,4,5,6$ の場合を計算すると順次 $1, \frac{3}{4}, \frac{1}{2}, \frac{5}{16}, \frac{3}{16}$ となりますので，$P_n=\frac{n}{2^{n-1}}$ と予想されます．それが正しいことを証明しましょう．n が偶数 $2m$ の場合には $k=m$ のとき $\sin\frac{m\pi}{2m}=1$ であり，$k=1, 2, \cdots, m-1$ に対して

$$\sin\frac{(m+k)\pi}{2m}=\sin\left(\frac{k\pi}{2m}+\frac{\pi}{2}\right)=\cos\frac{k\pi}{n}$$

を k の項と合せると倍角公式により

$$P_{2m}=\prod_{k=1}^{m-1}\frac{1}{2}\sin\frac{2k\pi}{2m}=\frac{1}{2^{m-1}}P_m$$

です．したがって $P_m=m/2^{m-1}$ ならば $P_{2m}=2m/2^{2m-1}$ となって $n=2m$ のときも成立します．だから n が奇数のときに $P_n=\frac{n}{2^{n-1}}$ を証明すれば十分です．$\omega=\cos\frac{\pi}{n}+i\sin\frac{\pi}{n}$ とおけば，$\sin\frac{k\pi}{n}=\frac{\omega^k-\omega^{-k}}{2i}$ であり，

$$P_n=\frac{1}{(2i)^{n-1}}\prod_{k=1}^{n-1}(\omega^k-\omega^{-k}) \qquad \cdots(8)$$

と表されます．(8)の項を $-(1-\omega^{2k})/\omega^k$ と変形すると

$$(8)=\frac{(-1)^{n-1}}{2^{n-1}(-1)^{(n-1)/2}}\prod_{k=1}^{n-1}\frac{(1-\omega^{2k})}{\omega^k} \qquad \cdots(9)$$

であり，n は奇数で $(n-1)/2$ は整数なので，分母の積は

$$\omega^{1+2+\cdots+(n-1)}=\omega^{n(n-1)/2}=(-1)^{(n-1)/2}\quad(\omega^n=-1)$$

です．すなわち(9)の右辺は

$$=\frac{1}{2^{n-1}}\prod_{k=1}^{n-1}(1-(\omega^2)^k) \qquad \cdots(10)$$

となります．ω^2 は1の原始 n 乗根であり，

$\prod_{k=1}^{n-1}(x-(\omega^2)^k)$ は $(x-1)$ を補えば，1の n 乗根を零点とする n 次式 x^n-1 に等しく，展開すれば多項式

$$\frac{x^n-1}{x-1}=x^{n-1}+x^{n-2}+\cdots+x+1$$

で表されます．ここで $x=1$ としたときの値が n なので (10) から，予想通り $P_n=n/2^{n-1}$ となります．□

複素数を活用すればさほど難しくはありません．原問題ではこれが補助定理で，本題は単位円に内接する正 n 角形 $A_0A_1\cdots A_{n-1}$ の一頂点 A_0 からの対角線の長さの積

$$\overline{A_0A_2}\times\overline{A_0A_3}\times\cdots\times\overline{A_0A_{n-2}}$$

でした．これは弦長を正弦で表せば

$$\prod_{k=2}^{n-2}2\sin\frac{k\pi}{n}=2^{n-3}\prod_{k=2}^{n-2}\sin\frac{k\pi}{n}$$

ですから，これに $k=1,\ n-1$ の項を補って

$$\frac{n}{4}\times\frac{1}{\sin^2(\pi/n)}$$

となります．辺 $\overline{A_0A_1}\times\overline{A_0A_{n-1}}$ をも掛ければ n という簡単な値になります．全辺と全対角線の長さの積は $n^{n/2}$ です．選択問題であり，選択者は少なく，さらに正解者はほとんどいなかったようです．

この他にもいくつかの分野がありますが，次章でさらに若干補充します．

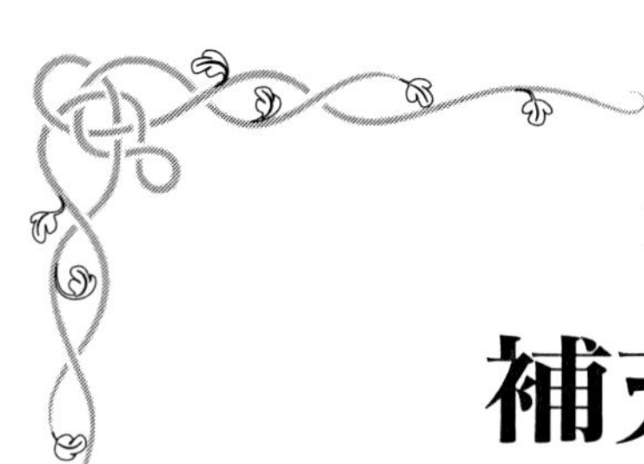
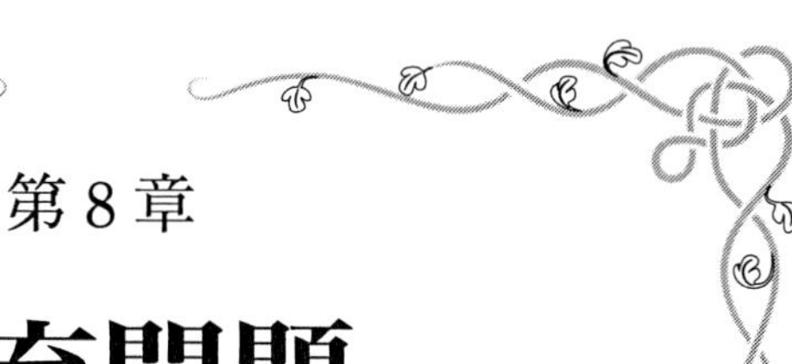

第8章

補充問題

本章はこれまでに述べた諸問題に関する若干の補充です．その内容も前章に続いて各節別々の話題です．

8.1 行列の累乗（追加）

行列の累乗は第2章で扱いましたが，興味深い実例に出合いましたので若干補充します．

問題 8.1 $A = \begin{bmatrix} 3 & 4 \\ -1 & -1 \end{bmatrix}$，$I = \begin{bmatrix} 1 & 0 \\ 0 & 1 \end{bmatrix}$ とするとき，

$I + A + A^2 + \cdots + A^{n-1}$ を求めよ．

（準1級，19年10月団体受験用；★）

（解） この種の問題は等比級数の和の公式にならって

$$(I - A)^{-1} \cdot (I - A^n) \qquad \cdots(1)$$

としたいが，この例では $(I - A)^2 = O$ であり，$I - A$ が可逆

でないので，公式 (1) が使えないという趣旨です．しかし，ケイリー・ハミルトンの定理を既知とするならば容易です．

$$A^2 = 2A - I \qquad \cdots(2)$$

であり，以後 A を掛けて A^2 を (2) で還元すれば

$$A^k = a_k A + b_k I,\ \ a_2 = 2,\ \ b_2 = -1 \qquad \cdots(3)$$

と置くことができます．$A^{k+1} = A \cdot A^k$ から

$$a_{k+1}A + b_{k+1}I = a_k A^2 + b_k A = (2a_k + b_k)A - a_k I$$

となり，漸化式 $a_{k+1} = 2a_k + b_k$，$b_{k+1} = -a_k$，すなわち

$$a_{k+1} - 2a_k + a_{k-1} = 0,\ \ a_1 = 1,\ \ a_2 = 2 \qquad \cdots(4)$$

を得ます．(4) の一般解は $a_k = \alpha k + \beta$ の形であり，(3) などの初期条件から直ちに $\alpha = 1$, $\beta = 0$, $a_k = k$, $b_k = -(k-1)$ がわかります．あるいは目的の式

$$A^k = kA - (k-1)I \qquad \cdots(5)$$

を, (2) から A^3, A^4 を計算して予測し, (5) を数学的帰納法で証明することもできます．(5) から

$$I + A + \cdots + A^{n-1}$$
$$= (1 + 2 + \cdots + n - 1)A - (-1 + 1 + 2 + \cdots + n - 2)I$$
$$= \frac{n(n-1)}{2}A - \frac{n(n-3)}{2}I = nI - \frac{n(n-1)}{2}(I - A) \qquad \cdots(6)$$

です．式 (6) は (2) が成立する A（跡和 $a_{11} + a_{22} = 2$, 行列式$=1$ である行列）すべてに適用できます．具体的に A を代入すれば，答は次のとおりです．　□

$$\begin{bmatrix} n^2 & 2n(n-1) \\ -n(n-1)/2 & -n^2 + 2n \end{bmatrix} \qquad \cdots(7)$$

この場合もとの A に限らず, (2) が成立すれば

$$I - A^n = n(I - A) \qquad \cdots(8)$$

ですが，これから答を n とか nI としては誤りです．(6) に

$I-A$ を掛ければ $(I-A)^2=O$ であって末尾の項が消えて (8) になるのです．(1) のようにできないのは，$I-A$ が可逆でないだけというのでなく $I-A$ に「零因子」$c(I-A)$ があり，その係数 $c(-n(n-1)/2)$ が直接には決められないせいというべきでしょう．

もちろん (8) を n に関して加えて，(6) を正しく求めることは可能です．

この問題で直接に A^2, A^3, $\cdots$ を作り，それから

$$A^k=\begin{bmatrix}2k+1 & 4k\\ -k & -2k+1\end{bmatrix}$$

と予測して，これを数学的帰納法で証明して加えても答 (7) をえますが，上述のほうが楽だし一般性があります．2 次行列の累乗は多くの場合，固有値を計算して標準化するよりも，上記のように漸化式を作るほうが楽です．

この問題にすばらしい名答がありました．除算により

$$x^{n-1}+x^{n-2}+\cdots+x+1=q(x)\cdot(x-1)^2+ax+b \qquad \cdots(9)$$

として余り $ax+b$ を求めます．x に行列 A を代入した式 (1 を I とする) がそのまま成立するので，答を $aA+bI$ として計算できます．係数 a, b を求めるために，まず (9) に $x=1$ を代入して

$$a+b=n$$

です．次に (9) を x で微分して

$$\begin{aligned}&(n-1)x^{n-2}+(n-2)x^{n-3}+\cdots+2x+1\\ &=q'(x)(x-1)^2+2q(x)(x-1)+a\end{aligned}$$

ですが，これに $x=1$ を代入して

$$a=1+2+\cdots+(n-1)=\frac{n(n-1)}{2}, \quad \text{これから}$$

$b=-\dfrac{n(n-3)}{2}$ となって，直ちに (6) をえます． □

実は採点者からこの解答は正しいかと私あてに質問がありました．私は調べた上で，出題者が予期しなかった（？）名答だと返事しました (後にこの解答者は全問正解満点だったと聞きました)．

8.2 実はペル方程式

問題 8.2　$A=\begin{bmatrix}2 & 1\\ 3 & 2\end{bmatrix}$ とするとき，その累乗は $A^n=\begin{bmatrix}a_n & b_n\\ 3b_n & a_n\end{bmatrix}$ の形に (a_n, b_n は整数) 表される．このとき (a_n-1) と b_n との最大公約数 d_n は $\lim_{n\to\infty} d_n=\infty$ を満足することを証明せよ．　(19 年春；★★★)

これはむしろ整数論の問題です．成績は大変に悪く，特に「a_n-1 も b_n も $\to\infty$ だから最大公約数 $d_n\to\infty$」という無茶な解答（？）が多数あったのに唖然としました．なんとこの「　」内の命題を証明（？！）した豪傑（？）もいました (もちろんとんだ見当違いでしたが)．苦しまぎれなのか，最小公倍数と混同したのか，とにかく整数論関連は不成績の現状です．上の「　」内の命題の反例として，例えば $(2^n+1)-1$ と 3^n をもち出すまでもないでしょう．

実は $d_n \to \infty$ だけなら以下のような「定性的な簡単な解答」が可能ですが，この種の解答が皆無だったのも，私にとっては不思議です．

(解)　A^n が上の形になることは数学的帰納法で証明できます．併せて漸化式

$$a_{n+1} = 2a_n + 3b_n, \quad b_{n+1} = 2b_n + a_n \qquad \cdots(10)$$

もわかります．第1式から $n-1$ に対する式の2倍に相当する $2a_n = 4a_{n-1} + 6b_{n-1}$ を引いて，$n-1$ に対する第2式を使えば，漸化式

$$a_{n+1} - 4a_n + a_{n-1} = 0, \text{ 同様に}$$

$$b_{n+1} - 4b_n + b_{n-1} = 0 \qquad \cdots(11)$$

をえます（これも設問の一部でした）．しかし (11) は

$$A^2 - 4A + I = O \text{ から } A^{n+1} - 4A^n + A^{n-1} = O$$

を使えば，直接簡単に証明できます．この漸化式から直ちに $a_n, b_n \to \infty$ です．

他方 $\det A = 1 = a_1^2 - 3b_1^2$，$\det A^n = 1$ から

$$a_n^2 - 3b_n^2 = 1, \quad (a_n + 1)(a_n - 1) = 3b_n^2 \qquad \cdots(12)$$

ですが，この関係式に気付いた解答者が（私の見た限りでは）皆無だったのも不審です．(11) はペル方程式 (12) の前の式に対する一般解に関する漸化式です．

(12) の後の式で $a_n + 1$ と $a_n - 1$ は a_n が偶数なら互いに素，奇数なら2を公約数にもつだけです．さらに (12) の後の式からそのどちらか一方は3の倍数であり，素因数分解の一意性から

$$(a_n - 1)/c \quad (c \text{ は } 1,\ 2,\ 3,\ 6 \text{ のいずれか})$$

が完全平方数 p_n^2 でなければなりません．この p_n は b_n の約数

でもあり，$d_n \geqq p_n$ です．したがって最悪の場合でも

$$d_n \geqq p_n \geqq \sqrt{(a_n - 1)/6} \to \infty$$

であって，$d_n \to \infty$ となります．　□

当面の解答はこれで十分ですが，もう少し詳しく調べると $a_n \pmod 6$ は，n が奇数のとき 2，偶数のとき 1 です．それから d_n は n が偶数のとき $2\times\sqrt{(a_n-1)/6}$，奇数のとき $\sqrt{a_n-1}$ に等しいことが証明できるので，確かに $d_n \to \infty$ です．実の所 n の奇偶によって形が異なることに気付いた解答さえほとんどなかったのは，いささか不審でした．

「模範解答」は漸化式 (11) にこだわりすぎていた印象でした．(11) と初期値から，標準的な計算により，具体的に a_n，b_n，d_n を次のように計算して示していました：

$$\begin{aligned}
a_n &= \frac{1}{2}[(2+\sqrt{3})^n + (2-\sqrt{3})^n] \\
&= \frac{1}{2}\left[\left(\frac{\sqrt{3}+1}{\sqrt{2}}\right)^{2n} + \left(\frac{\sqrt{3}-1}{\sqrt{2}}\right)^{2n}\right],
\end{aligned}$$

$$a_n - 1 = \frac{1}{2}\left[\left(\frac{\sqrt{3}+1}{\sqrt{2}}\right)^{n} - \left(\frac{\sqrt{3}-1}{2}\right)^{n}\right]^2,$$

$$\begin{aligned}
b_n &= \frac{1}{2\sqrt{3}}[(2+\sqrt{3})^n - (2-\sqrt{3})^n] \\
&= \frac{1}{2\sqrt{3}}\left[\left(\frac{\sqrt{3}+1}{\sqrt{2}}\right)^{2n} - \left(\frac{\sqrt{3}-1}{\sqrt{2}}\right)^{2n}\right] \\
&= \frac{1}{2\sqrt{3}}\left[\left(\frac{\sqrt{3}+1}{\sqrt{2}}\right)^{n} - \left(\frac{\sqrt{3}-1}{\sqrt{2}}\right)^{n}\right] \\
&\qquad \times\left[\left(\frac{\sqrt{3}+1}{\sqrt{2}}\right)^{n} + \left(\frac{\sqrt{3}-1}{\sqrt{2}}\right)^{n}\right].
\end{aligned}$$

したがって $u_n = \left(\frac{\sqrt{3}+1}{\sqrt{2}}\right)^n - \left(\frac{\sqrt{3}-1}{\sqrt{2}}\right)^n$ が「公約数」であり，$n \to \infty$ のとき $u_n \to \infty$ です．これに気付いた方も少数

でした．しかしこの u_n 自身は整数ではなくて，n が偶数のとき $u_n=c_n\sqrt{3}$，奇数のとき $u_n=c_n\sqrt{2}$ の形（c_n が整数）になり，実はこの c_n が真の最大公約数 d_n なのです．但しここで c_n が整数であって a_n，b_n の公約数になることは容易に示されますが，それが真の最大公約数 d_n と一致することを示すのは少し大変です． $d_n\to\infty$ を示すだけならば，いくらでも大きくなる公約数列 c_n があるというだけで十分です．

a_n，b_n あるいは d_n の具体形を示せという設問ならともかく，$d_n\to\infty$ を証明せよというだけなら，前記のように d_n の具体形を求めずに済ませたほうがエレガントだと思います．この問題を行列の累乗の問題とせずに，ペル方程式 (12) 自体を設問にしていたら，もう少し成績がよかったのかもしれません．

8.3　極値問題の例

極値問題は近年余り出題されておりませんが，次の比較的易しいと思われた問題に，意外なしかし興味ある（？）誤答が続出しましたので紹介します．

問題 8.3　楕円 $\dfrac{x^2}{a^2}+\dfrac{y^2}{b^2}=1\ (a>b>0)$ 上の第1象限内の点Pにおいて引いた接線が主軸の延長と交わる点をそれぞれA, Bとする．線分ABの長さを最小にする点Pの座標とABの最小値を求めよ．　(19年秋；★)

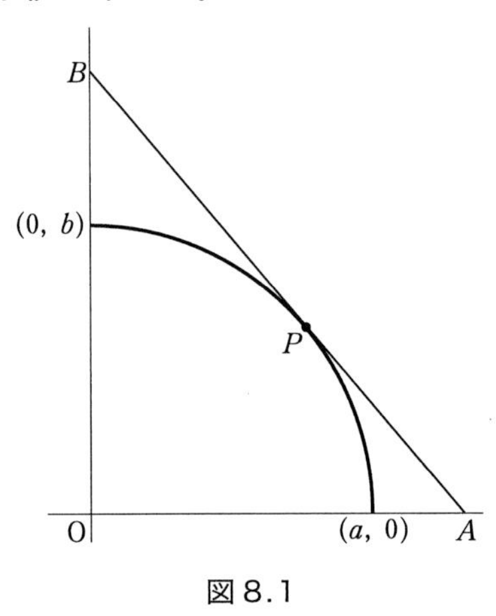

図 8.1

(解 1)　点Pの座標を $(a\cos\theta,\ b\sin\theta)$ と媒介変数表示すると $(0<\theta<\pi/2)$，そこでの接線の方程式は

$$\frac{xa\cos\theta}{a^2}+\frac{yb\sin\theta}{b^2}=\frac{x\cos\theta}{a}+\frac{y\sin\theta}{b}=1 \qquad \cdots(13)$$

です．A, Bの座標はそれぞれ $(a/\cos\theta, 0)$, $(0, b/\sin\theta)$ となり，線分ABの長さの2乗は

$$\varphi(\theta)=\frac{a^2}{\cos^2\theta}+\frac{b^2}{\sin^2\theta} \qquad \cdots(14)$$

です．これを θ の関数として微分すると

$$\varphi'(\theta)=\frac{2a^2\sin\theta}{\cos^3\theta}-\frac{2b^2\cos\theta}{\sin^3\theta},$$

$\varphi'(\theta)=0$ は $a^2\sin^4\theta=b^2\cos^4\theta$，すなわち

$$\tan^2\theta = b/a$$

です．これが唯一の極小値であり，実際に最小値を与えます．このとき

$$\frac{1}{\cos^2\theta} = 1 + \frac{b}{a},\quad \frac{1}{\sin^2\theta} = 1 + \frac{a}{b},\ \varphi(\theta) = (a+b)^2$$

であり，長さの最小値は $a+b$，そのときの接点 P の座標は

$$\left(\frac{a\sqrt{a}}{\sqrt{a+b}},\ \frac{b\sqrt{b}}{\sqrt{a+b}}\right)$$

です．□

ここで $\tan\theta = b/a$ としたり，長さの最小値を $\sqrt{a^2+b^2}$ としたりした計算誤りは，まだしも軽傷でした．

（解 2）　最初は解 1 と同様に進みます．AB^2 を（14）と表した所で，これに定数 $\cos^2\theta + \sin^2\theta = 1$ を乗ずると

$$\varphi(\theta) = a^2 + b^2 + \frac{a^2\sin^2\theta}{\cos^2\theta} + \frac{b^2\cos^2\theta}{\sin^2\theta} \qquad \cdots(16)$$

となります．（15）の最初の 2 項は定数であり，後 2 項の和は

$$\geqq 2\frac{a\sin\theta\cdot b\cos\theta}{\cos\theta\cdot\sin\theta} = 2ab\ （相加平均 \geqq 相乗平均）$$

なので $\varphi(\theta) \geqq a^2 + b^2 + 2ab$，$AB \geqq a+b$ です．等号は

$$\frac{a\sin\theta}{\cos\theta} = \frac{b\cos\theta}{\sin\theta}\ すなわち\ \tan^2\theta = \frac{b}{a}$$

のときに限り，AB の最小値は $a+b$ です．□

解 2 は出題者が用意した標準模範解答ですが，これに従った解答はほとんどありませんでした．そして次のような誤答が多数ありました．

【誤答1】 (14) から

$$\varphi(\theta) \geqq \frac{2ab}{\cos\theta \cdot \sin\theta} \quad (\text{相加平均} \geqq \text{相乗平均}) \qquad \cdots(16)$$

であり，等号は $a/\cos\theta = b/\sin\theta$，すなわち $\tan\theta = b/a$ のときに限る．このときが最小で，最小値は $2\sqrt{a^2+b^2}$ である． □

【誤答2】 (16) を示した上で，最小値はこの右辺の最小値すなわち $\cos\theta = \sin\theta$，$\theta = \pi/4$ のときである．最小値は $2\sqrt{a^2+b^2}$ である． □

どこに誤りがあるかは，すぐにお分かりでしょう．不等式 (16) そのものは正しいが，その右辺が定数ではないので，〔誤答1〕も〔誤答2〕もそれ以後の議論は誤りです．この種の誤りはよくあります．もしかすると前述の〔解2〕を見たことがあり，それを使うつもりで空廻りしたのかもしれません．もちろん正答者も多数いましたが，全体の正答率は半分を大きく下廻り，予想外の結果でした．

なおこの最小値のとき，$\mathrm{AP} = b$，$\mathrm{BP} = a$ となります．これは座標から直接に計算できますので確認してください．最小値を a, b と無関係な定数2などとした誤答も多く，首をひねりました．

8.4 高階導関数の連鎖律

問題 8.4　$f(y)$, $g(x)$ が十分に滑らか（必要な階数まで微分可能）とする．合成関数の導関数に関する連鎖律（chain rule）として，次の公式は周知である．

$$\frac{d}{dx}f(g(x)) = f'(g(x))\cdot g'(x). \tag{17}$$

$f(g(x))$ の x に関する 3 階導関数に対する同様の公式を求めよ．　（18 年秋；★★）

この種の「一般公式」の導出は，数学検定では「異例」かもしれません．3 階導関数の公式は

$$f'''(g(x))(g'(x))^3 + 3f''(g(x))g'(x)g''(x) + f'(g(x))g'''(x) \tag{18}$$

です．成績はよかったようですが，このように整理した完璧な解答は意外と少数だったようです．

（解）　計算は難しくないが誤りやすいので落ち着いて一歩ずつ進めましょう．まず (17) を x で微分すると

$$\begin{aligned}
&\frac{d^2}{dx^2}f(g(x)) \\
&= \frac{d}{dx}[f'(g(x))\cdot g'(x)] \\
&= f''(g(x))g'(x)\cdot g'(x) + f'(g(x))\cdot g''(x) \\
&= f''(g(x))(g'(x))^2 + f'(g(x))\cdot g''(x)
\end{aligned}$$

です．これは 2 階導関数の公式です．これをさらに x で微分

すると

$$f'''(g(x))g'(x)(g'(x))^2+2f''(g(x))g'(x)g''(x)$$
$$+f''(g(x))g'(x)g''(x)+f'(g(x))g'''(x) \tag{19}$$

になりますが，中央の2個の同類項をまとめて (18) になります ((19) のままでも正解としたようですが)．　□

ところで合成関数の高階導関数に関する連鎖律の一般公式は，オイラーの時代から研究があり「ベルの多項式」などいくつかの公式が知られています (普通の教科書には載っていないが)．以下に解説する「ブッチャーの木」による方法は，提案が新しい (1970年頃) せいかあまり知られていません．着想はオイラーあたりにまで遡りますが，ブッチャー (ニュージーランドの数学者) が微分方程式の数値解法の公式 (ルンゲ・クッタ型の公式) を統一的に導くために工夫した方法 (の副産物) です．

木 (き) とはループのないグラフの総称です．しかしここで扱うのは**根木** (ねき；根付きの木) といって，**根** (ね) とよばれる特別な点 (図では墨丸で示す) から枝 (むしろ幹？) が出ている特別な木です．グラフの点 (図では白丸) を**節** (ふし) とよびます．この型の木はいろいろな場面でよく使われます．情報科学関係では根を最上にして下に延びる逆の形 (稲妻形？) に書くのが普通ですが，ブッチャーの木は根を最下にして木らしく上に延びる形に書くのが慣例です．**ブッチャーの木**とはこの種の根木全般を意味しますが，ここで必要なのはその中で特別なものだけです．すなわち地上の節 (図の白丸) では分岐が無く，根から直接に長さ (節の数) がそれぞれ $l_1, l_2, \cdots, l_m$ である合計 m 本の枝 (幹？) が出ているだけの根木です．ここではそれだけを「ブッチャーの木」とよびます．

以下正の整数 n を定めて n 階導関数の連鎖律公式を導く算法のみを示します．証明は省略しますが，数検1級をめざす方々は証明を各自で考えてみるとよいでしょう．n に関する（一種の）数学的帰納法によってできます．

ブッチャーの木によって高階導関数の公式をえる算法：

(i) n の**分割**，すなわち正の整数の和として n を表す式 $n = l_1 + \cdots + l_m$ を，$m = 1$ のときも含めて可能な限り作る．

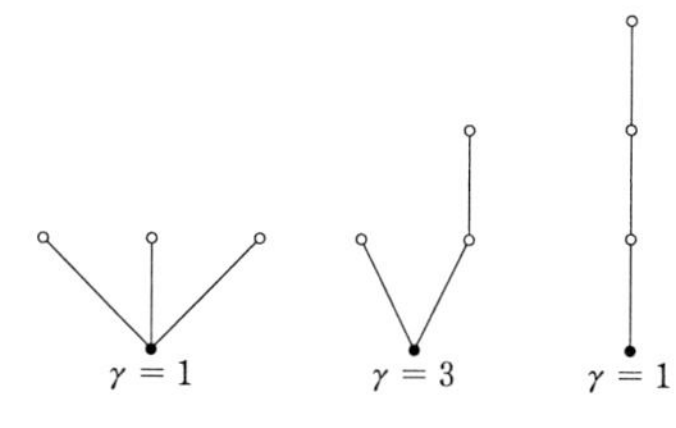

図 8.2　ブッチャーの木 ($n = 3$)

(ii) 各分割に対応して，根からそれぞれ長さが $l_1, l_2, \cdots, l_m$ の枝が出ている木の図を描く．—図 8.2 は $n = 3$ のとき，左から順に $1+1+1$, $1+2$, 3 に対する木を示す．このとき m の大きい順に描き，おのおのの図で l_k を順次増加するように描くのが慣例だが，図の描き方は意味が正しくわかれば十分なので，対称性を重んじた描き方をすることもある（図 8.3 の例）．

(iii) おのおのの木に対して，それに対する**指標** γ を次のように計算する．γ は根以外の節（グラフの点；図では白丸で表す）に以下の規則で $1, 2, \cdots, n$ の番号を割り当てる付け方の総数である．

(a) $1, 2, \cdots, n$ の各数をそれぞれ1回ずつ使う．

(b) 同一の枝について，下の節ほど小さい値を付ける．いいかえれば各枝に沿って番号が上向きに単調増加になるように付ける．別の枝同士については相互に何の制約も置かない．

(c) 全体として枝同士を入れ換えても同じ形の木になる場合は同一の番号付けと見なす．—例えばすべての $l_k = 1$ のときは，どのような番号付けも同一とみなすので，結局ただ1通り ($\gamma = 1$) になる．

(iv) 最後に（枝の長さが $l_1, \cdots, l_m$ の）各木に対応して

$$\gamma \cdot f^{(m)}(g(x))\, g^{(l_1)}(x) \cdots g^{(l_m)}(x)$$

という項を作る．これらをすべての分割（木）について加えた和が，所要の n 階導関数を表す．　□

$n = 3$ のときは，図8.2のおのおのにこの操作を施して加えると，前述の式 (18) になります．

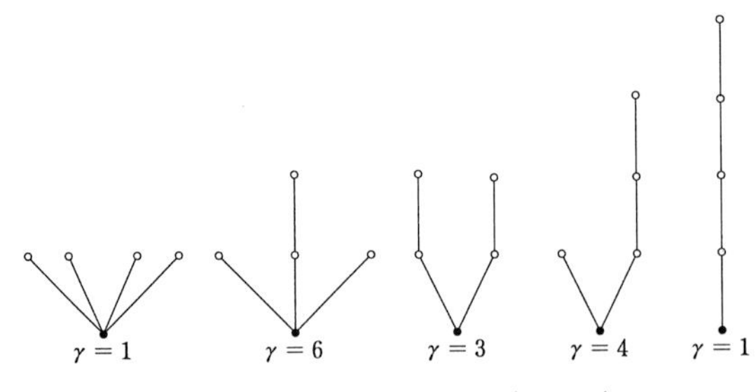

図8.3　ブッチャーの木 ($n = 4$)

$n = 4$ のときには分割は

$$1+1+1+1,\ \ 1+2+1,\ \ 2+2,\ \ 1+3,\ \ 4$$

の5通りです．おのおのに対するブッチャーの木を図8.3に示し，それぞれについてγの値を付記しました．γの値の計算は読者各自でご検討ください．①②③④と書いたコマ（市販のゲームにもある）を実際に置いてみて数えると面白いでしょう．対称性を活用して試行数を減らす工夫も必要です．小学生・中学生の方々とも一緒に楽しめます．もちろん正式には組合せの数に基づいて計算します．

図8.3のグラフから4階導関数を直接に以下のように書き下ろせます．それが正しいことを，(18) をさらに微分して確かめてください．

$$
\begin{aligned}
&f^{(4)}(g(x))\cdot(g'(x))^4+6f^{(3)}(g(x))\cdot(g'(x))^2\cdot g''(x)\\
&\quad+3f^{(2)}(g(x))\cdot(g''(x))^2+4f^{(2)}(g(x))\cdot g'(x)\cdot g'''(x)\\
&\quad+f'(g(x))\cdot g''''(x).
\end{aligned}
$$

n階導関数を展開した式の各項の係数の和は順次

1, 2, 5, 15, 52, 203, ……

となります．これは**ベル数列**です．この事実もベルの多項式を活用して証明できます．

8.5 三角形に関する不等式

不等式の証明問題は，採点が厄介なせいか，出題は少数ですが，学習しておく価値がありそうです．拙著 [9], [10] にも若干取り上げました．ここでは検定問題とは無関係ですが，2問題を紹介します．どちらも図形的な意味をもつものです．

問題 8.5　a, b, c が正の定数のとき次の不等式が成立し，等号は $a=b=c$ のときに限ることを証明せよ．　(★★)

$$(a+b)(a+c)(b+c)(-a+b+c)(a-b+c)(a+b-c) \leqq 8a^2b^2c^2$$

(解)　a, b, c が三角形の3辺長でなければ，左辺 $\leqq 0$ であって自明だから，$a<b+c$, $b<c+a$, $c<a+b$ と仮定してよい．このとき

$$(-a+b+c)(a-b+c)(a+b-c) \leqq abc$$

は正しいが，

$$(a+b)(a+c)(b+c) \geqq 8abc$$

なので，これだけでは証明にならない（以上は事前の注意）．

しかし相乗平均 ≦ 相加平均の不等式によって

$$\frac{a+b}{2}\cdot\frac{a+c}{2}\cdot\frac{b+c}{2} \leqq \left\{\frac{1}{3}\left(\frac{a+b}{2}+\frac{a+c}{2}+\frac{b+c}{2}\right)\right\}^3$$
$$=\left(\frac{a+b+c}{3}\right)^3$$

は正しく，$(a+b+c)(-a+b+c)(a-b+c)(a+b-c)=4S^2$（$S$ は三辺長が a, b, c の三角形の面積；ヘロンの公式）が成立する．この三角形の外接円の半径を R とすると，右辺 $\div 8$ は $(4RS)^2$ に等しい．この両辺から $(4S)^2>0$ を約すと，所要の式を示すのは，次の不等式

$$(a+b+c)^2/27 \leqq R^2 \quad \text{すなわち} \quad a+b+c \leqq 3\sqrt{3}\,R$$

に帰着する．これは易しい不等式で，次の不等式

$$9R^2 \geqq a^2+b^2+c^2 \quad （等号は\ a=b=c\ に限る） \qquad (20)$$

と，コーシー・シュワルツの不等式の一例としてえられる

$$3(a^2+b^2+c^2) \geqq (a+b+c)^2 \quad (\text{等号は } a=b=c \text{ に限る}) \tag{21}$$

とを組み合わせればよい．問題8.5で等号は，途中の補助の不等式のすべてで等号が成立する $a=b=c$ のときに限る．□

不等式 (21) は，直接に左辺 - 右辺を $(a-b)^2+(a-c)^2+(b-c)^2 \geqq 0$ と変形しても証明できます．補助の不等式 (20) も有名で，多数の証明がありますが，次の方法が案外エレガントかもしれません．

a, b, c を三辺長とする三角形を ABC とし，その外心 O から三頂点へのベクトルを $\boldsymbol{a}=\overrightarrow{\mathrm{OA}}$, $\boldsymbol{b}=\overrightarrow{\mathrm{OB}}$, $\boldsymbol{c}=\overrightarrow{\mathrm{OC}}$ とします．その大きさはいずれも R で，内積は $\angle\mathrm{BOC}=2\angle A$ から

$$\boldsymbol{b}\cdot\boldsymbol{c}=R^2\cos 2A=R^2(1-2\sin^2 A)=R^2-a^2/2$$

などです．これは余弦定理からも証明できます．したがって，$\|\boldsymbol{a}\|$ を $\boldsymbol{a}$ の大きさとして

$$\begin{aligned} 0 &\leqq \|\boldsymbol{a}+\boldsymbol{b}+\boldsymbol{c}\|^2 \\ &= \|\boldsymbol{a}\|^2+\|\boldsymbol{b}\|^2+\|\boldsymbol{c}\|^2+2(\boldsymbol{a}\cdot\boldsymbol{b}+\boldsymbol{a}\cdot\boldsymbol{c}+\boldsymbol{b}\cdot\boldsymbol{c}) \\ &= 3R^2+2\times 3R^2-(a^2+b^2+c^2) \\ &= 9R^2-(a^2+b^2+c^2) \end{aligned}$$

となります．等号は $\boldsymbol{a}+\boldsymbol{b}+\boldsymbol{c}=\boldsymbol{0}$ のときで，これは外心と重心が一致する正三角形に限ります．□

問題 8.6　a, b, c が三角形の三辺長を表す正の定数のとき，次の不等式が成立して，等号は $a=b=c$ のときに限ることを証明せよ．

$$\begin{aligned} &[(-a+b+c)(a-b+c)(a+b-c)]^2 \\ &\geqq (-a^2+b^2+c^2)(a^2-b^2+c^2)(a^2+b^2-c^2) \end{aligned} \tag{22}$$

（解）　これは拙著 [9] の第 12 話で扱った不等式

$$8R^2+4r^2 \geqq a^2+b^2+c^2 \tag{23}$$

（r は内接円の半径；不等式 (20) の精密化）

と同値な式です．ただ同書での (22) の証明は，$a \geqq b \geqq c$ と順序づけて，少し苦しまぎれ（？）でした．以下にもう少しエレガント（？）な証明を与えます．

補助定理 1　△ABC の面積を S とし，その三辺長を a, b, c とするとき，次の不等式が成立し，等号は $a=b=c$ に限る．

$$2(ab+ac+bc)-(a^2+b^2+c^2) \geqq 4\sqrt{3}\,S \tag{24}$$

証　明　$u=-a+b+c,\ v=a-b+c,\ w=a+b-c$ とおく．仮定によりいずれも正である．(24) の左辺は，変形して

$$\begin{aligned}
&(a^2-b^2-c^2)+(-a^2+b^2-c^2)+(-a^2-b^2+c^2)\\
&\quad+2(ab+ac+bc)\\
&=[a^2-(b-c)^2]+[b^2-(c-a)^2]+[c^2-(a-b)^2]\\
&=(a+b-c)(a-b+c)+(b+c-a)(b-c+a)\\
&\quad+(c+a-b)(c-a+b)\\
&=uv+uw+vw
\end{aligned}$$

と表される．またヘロンの公式は $(4S)^2=uvw(u+v+w)$ と表されるから，(24) の両辺を 2 乗して

$$(uv+uw+vw)^2 \geqq 3uvw(u+v+w) \tag{25}$$

を証明すればよい．これは左辺 - 右辺を変形して容易に示されるが，次のような証明もできる．

補助定理 2　実定数の 3 次方程式 $f(t)=0$ が 3 個の実数解（重解があってもよい）をもてば，その導関数による 2 次方程式 $f'(t)=0$ は 2 個の実数解をもち，その判別式 $\geqq 0$ である．

略証　ロルの定理による．$f(t)=0$ が重解 $t=\alpha$ をもてば，$f'(\alpha)=0$ でもある．　□

(25) **の証明：** $u,v,w>0$ であり，t の3次方程式 $f(t)=(ut+1)(vt+1)(wt+1)$ は3実解 $-1/u,-1/v,-1/w$ をもつ．補助定理2により

$$f'(t)=3uvwt^2+2(uv+uw+vw)t+(u+v+w)=0$$

は2実解をもつ．その判別式 $\geqq 0$ は，不等式 (25) そのものである．　□

さて不等式 (22) は，直角三角形や鈍角三角形では自明です (右辺 $\leqq 0$)．したがって鋭角三角形に限定してよく，そのときは a^2,b^2,c^2 を三辺長とする三角形が存在します．その面積を $\tilde{S}$ とすると，(24) の左辺の a,b,c を a^2,b^2,c^2 にかえた量 $=(4S)^2$（a,b,c を三辺長とする三角形の面積が S）となり，補助定理1を適用して $(4S)^2 \geqq 4\sqrt{3}\,\tilde{S}$ です．これを2乗して次の不等式を得ます．

$$\begin{aligned}&[(a+b+c)(-a+b+c)(a-b+c)(a+b-c)]^2\\&\geqq 3(a^2+b^2+c^2)(-a^2+b^2+c^2)\\&\qquad\times(a^2-b^2+c^2)(a^2+b^2-c^2)\end{aligned}\tag{26}$$

不等式 (26) は目標とした不等式 (22) よりも強い不等式です．これに前述の不等式 (21) を適用すれば (22) を得ます．

等号は途中の不等式がすべて等号になるときに限り，それは $a=b=c$（正三角形）に限ります．　□

(26) を展開して整理し，a^2,b^2,c^2 を α,β,γ とおけば，$\alpha+\beta>\gamma$, $\alpha+\gamma>\beta$, $\beta+\gamma>\alpha$ の下で次の不等式になります

が，これを直接に示すのは厄介です（式変形をして可能だが）．

$$\alpha^4+\beta^4+\gamma^4+\alpha\beta\gamma(\alpha+\beta+\gamma)$$
$$\geqq\alpha^3\beta+\alpha^3\gamma+\beta^3\alpha+\beta^3\gamma+\gamma^3\alpha+\gamma^3\beta$$

三角形に関する不等式は［9］の第 12 話，［10］の第 10 話でいくつかを論じました．本節はその補充や一部の別証です．

8.6 むすびの一言

最後に一言します：数学検定に当たってはまず問題の意図（数学的内容）を正しく理解して下さい．例えば微分方程式の問題で，与えられた初期値をもとの方程式に代入して，そこでの微分係数の値を答えても，微分方程式を解いたことになりません（最近はこの種の誤りは見掛けないようです）．

次に「つまらない」計算誤りに注意しましょう．符号を誤ったり，分数の分母分子を取り違えたり，平方根を忘れたり，係数や一部の項を忘れたり，といった初歩的なミスが案外あります．電卓使用で，キーを押し誤ったと推察される誤りもありました．平常から電卓を片手に，怪しかったらすぐに検算する；余裕があったら別の方法で計算し直す，といった習慣をつけるとよいでしょう．

0 章でも述べた当然すぎる注意ですが，再度記して読者諸賢の今後の健闘を期待します．最後に次章で，過去の実際の検定問題を，少し詳しく検討します．

第9章 検定問題の具体例

最後に具体例として，平成19年春の数検1級の問題（但し紙数の都合で1次検定だけ）を解説します．このときには，統計量の計算問題は出題されていません．難易度は採点の手伝いに当っての正答率をも加味しました．

9.1 問題1

$x^8+4x^7+10x^6+16x^5+19x^4+16x^3+10x^2+4x+1$ を整数係数の範囲で因数分解せよ．（初等代数学；★）

（解） 相反多項式（係数列が回文になる）なので，中央項でくくり，$x+\dfrac{1}{x}=X$ と置き換えて

$$x^4\left[\left(x^4+\frac{1}{x^4}\right)+4\left(x^3+\frac{1}{x^3}\right)+10\left(x^2+\frac{1}{x^2}\right)+16\left(x+\frac{1}{x}\right)+19\right]$$

$$=x^4[(X^2-2)^2-2+4(X^3-3X)+10(X^2-2)+16X+19]$$

と変形するのが定跡です．最後の［　］内は

$$X^4-4X^2+4-2+4X^3-12X+10X^2-20+16X+19$$
$$=X^4+4X^3+6X^2+4X+1=(X+1)^4$$

とまとめることができるので，答は

$$x^4\left(x+\frac{1}{x}+1\right)^4=(x^2+x+1)^4 \qquad \cdots(1)$$

です．(1) の左辺のままの答は大目に見ましたが，厳密にいうと不完全です．　□

非常に多かった不完全な解（誤答とはいえないが）は

$$(x^4+2x^3+3x^2+2x+1)^2 \qquad \cdots(2)$$

でした．(2) のかっこ内がさらに $(x^2+x+1)^2$ と因数分解できることに注意しなかった失敗でしょう．

計算機代数によるならば，与えられた $f(x)$ と導関数 $f'(x)$ との互除法によって両者の共通因子 x^2+x+1 をみつけ，それから (1) の右辺を導くこともできます．一見難しそうですが，やってみると案外易しい印象です．

ところで与えられた多項式の 3 つおきの係数の和は

$$1+16+10=27,\ 4+19+4=27,$$
$$10+16+1=27$$

と互いに等しくなります．したがって 1 の虚 3 乗根 $\omega\left(=\dfrac{-1+\sqrt{3}\,i}{2}\right)$ と $\bar{\omega}$ を代入すると，和はともに 0 になります．これはもとの式が

$$(x-\omega)(x-\bar{\omega})=x^2+x+1$$

という因子をもつことを示します．これで割ると

$$(x^2+x+1)(x^6+3x^5+6x^4+7x^3+6x^2+3x+1)$$

になります．ここで止めずに後の項に同じ操作を反復して，

結局最初の多項式が $(x^2+x+1)^4$ に等しいことがわかります．

1 次検定は答えを書くだけなので，このように考えた方があったかどうかはわかりませんが，このときの 2 次 (数理) 検定の選択問題の一つに，$(x^2+x+1)^4$ の展開係数に関する出題があったので，その折に気づいた方があったかもしれません．

9.2 問題 2

次の微分方程式の一般解を求めよ．

$$2y'' + 9y' - 35y + 105x - 97 = 0$$

(微分方程式；★★)

(解)　定数係数の 2 階線型常微分方程式です．まず y に関する部分＝0 とおいた同次方程式を解きます．その特性方程式は

$$2t^2 + 9t - 35 = 0 \qquad \cdots(3)$$

であり，この左辺は $(2t-5)(t+7)$ と因数分解できますので，$t = 5/2$ と -7 が特性指数です．それから A, B を任意定数 (積分定数) として $Ae^{-7x} + Be^{5x/2}$ が余因子です．

次に x の項を含む非同次方程式を考えます．一つの特殊解を 1 次式 $ax+b$ とやまをかけると

$$9a - 35(ax+b) + 105x - 97 = 0$$

から，a, b に関する連立 1 次方程式

$$-35a + 105 = 0, \quad 9a - 35b - 97 = 0 \qquad \cdots(4)$$

をえます．これから

$$a=3,\ \ b=(9\times 3-97)/35=-2$$

をえて，求める一般解は

$$y=Ae^{-7x}+Be^{5x/2}+3x-2$$

です．□

公式のうろ覚えのせいか，定跡どおりに解いたのに答のまとめ方がおかしい解答がいくつかありました．また方程式(3)や(4)を解き誤った初歩的な失敗も散見しました（計算力低下？）．そのため難易度を星印2個にしました．

特殊解を定数変化法でオーソドックスに計算すると，以下のようになります．

$$y=u(x)e^{-7x}+v(x)e^{5x/2}$$

と置き換えて原方程式に代入すると

$$2[u''\cdot e^{-7x}+2u'\times(-7)e^{-7x}+v''\cdot e^{5x/2}+2v'\times(5/2)e^{5x/2}]$$

$$+9[u'\cdot e^{-7x}+v'\cdot e^{5x/2}]=97-105x \qquad \cdots(5)$$

をえます．ここで（定跡）

$$u'\cdot e^{-7x}+v'\cdot e^{5x/2}=0 \qquad \cdots(6)$$

と仮定すると，(6)を微分して

$$u''\cdot e^{-7x}+u'\times(-7)e^{-7x}+v''\cdot e^{5x/2}+2v'\times(5/2)e^{5x/2}=0$$

なので(5)は

$$-14u'\cdot e^{-7x}+5v'\cdot e^{5x/2}=97-105x \qquad \cdots(5')$$

と簡易化されます．(6)と併せて

$$u'\cdot e^{-7x}=-\frac{97}{19}+\frac{105}{19}x,\quad v'\cdot e^{5x/2}=\frac{97}{19}-\frac{105}{19}x$$

となります．指数関数の項を右辺に移して（逆数を掛ける）積分すると次のようになります．ここでの積分定数は余因子 e^{-7x}，$e^{5x/2}$ にくりこんでよいので無視しました．最後の結果はもちろん前述と同じになります．

$$u = e^{7x}\left(\frac{-97}{19\times 7} + \frac{15}{19}x - \frac{15}{19\times 7}\right) = \frac{e^{7x}}{19}(15x - 16)$$

$$v = e^{-5x/2}\left(\frac{-97\times 2}{19\times 5} + \frac{42}{19}x + \frac{84}{19\times 5}\right)$$

$$= \frac{e^{-5x/2}}{19}(42x - 22)$$

但しこの計算は大変誤りやすいので検算が必要です．

9.3　問題 3

次の連立方程式の解のうち $x \geqq y \geqq z$ である実数解を求めよ．　　　　(代数方程式；★)

$$\begin{cases} x + y + z = 6 \\ x^2 + y^2 + z^2 = 14 \\ x^3 + y^3 + z^3 = 36 \end{cases}$$

(解)　対称式なので基本対称式を求めます．

$$xy + yz + zx = [(x + y + z)^2 - (x^2 + y^2 + z^2)]/2$$
$$= (36 - 14)/2 = 11$$

これから

$$x^2 + y^2 + z^2 - (xy + yz + zx)$$
$$= (x + y + z)^2 - 3(xy + yz + zx) = 36 - 33 = 3$$
$$x^3 + y^3 + z^3 - 3xyz$$
$$= (x + y + z)(x^2 + y^2 + z^2 - xy - yz - zx) = 18$$
$$xyz = \frac{1}{3}(36 - 18) = 6$$

をえます．x, y, z は次の3次方程式の3解です．

$$t^3-6t^2+11t-6=0 \quad \cdots(7)$$

この方程式には $t=1$ という解があり $t-1$ で割ると

$$(7)\text{ の左辺}=(t-1)(t-2)(t-3)$$

と因数分解して解は 1, 2, 3 です．$x \geqq y \geqq z$ とすると

$$x=3,\quad y=2,\quad z=1$$

が所要の解です．　□

全体として最も正答率が高い問題でした．但し少数でしたが $x \geqq y \geqq z$ という但し書きを無視した（気がつかなかった？）解答がありました．

9.4 問題4

$(1+x)^n=c_0+c_1x+\cdots+c_nx^n$ とするとき

$$\sum_{k=0}^{n}(-1)^k\frac{c_k}{k+1}$$

を求めよ．　（級数，実質は積分；★★）

（解）　定義式から

$$(1-x)^n=c_0-c_1x+\cdots+(-1)^nx^n=\sum_{k=0}^{n}(-1)^kc_kx^k$$

です．この両辺を0から1まで積分すれば

$$\text{左辺}=\int_0^1(1-x)^n=-\frac{(1-x)^{n+1}}{n+1}\Bigg|_0^1=\frac{1}{n+1} \quad \cdots(8)$$

$$右辺 = \sum_{k=0}^{n} (-1)^k \frac{c_k}{k+1}$$

ですから，直ちに答 $\dfrac{1}{n+1}$ をえます． □

直接に最初の式を-1から0まで積分してもできます．このように考えれば易しい問題ですが，正答率が予想外に低い難問となりました．恐らく c_k が二項係数であることにこだわり，組合せの関係式から計算しようとして袋小路に入ったのでしょうか？　$-\dfrac{1}{n+1}$ という誤答が散見されましたが，(8) の積分の計算で負号を忘れたのでしょうか？一見細かい計算誤りが致命傷になることに注意しましょう．

9.5 問題 5

次の行列について以下の問いに答えよ．

$$A = \begin{bmatrix} a & -b & -c & -d \\ b & a & -d & c \\ c & d & a & -b \\ d & -c & b & a \end{bmatrix}$$

（i）A が逆行列をもつための条件を示せ．

（ii）（i）の条件下で逆行列を求めよ．　　　（行列；★★）

（解） まず苦しまぎれの傑作（？）な解答を挙げます．

（i）**の答**　A の行列式が 0 でないこと．

正しい命題ですが，当面の問題に対しては不適切な答であり，「正答」とは判定できません．問題の趣旨は A の行列式を計算して，それが0でない条件を示せ，という意味だと理解するのが自然です．

この行列式は $(a^2+b^2+c^2+d^2)^2$ です (後述)．もしも a, b, c, d がすべて**実数**ならば，これは

$$a=b=c=d=0 \text{ 以外} \qquad \cdots(9)$$

と同値です．但し定数の範囲について何の言及もないので，複素数の場合も考慮すると

$$a^2+b^2+c^2+d^2 \neq 0 \text{ のとき} \qquad \cdots(9')$$

と答えるのが無難でしょう ((9) も正答としたようだが)．

しかし (9) を

$$a, b, c, d \text{ が } 0 \text{ でない}$$

と述べるのはあいまいで，むしろ誤りと判定すべきでしょう．「a, b, c, d のすべてが0」ではない，と記述すれば，(9) と同値です．(9) を

$$a \neq 0,\ \ b \neq 0,\ \ c \neq 0,\ \ d \neq 0 \text{ あるいは } abcd \neq 0$$

と混同した解答 (論理ミス) が多数ありました．

さて本題の行列式の計算です．消去法やラプラス展開など標準的な方法でできますが (後述)，次のように考えると (ii) も併せて一挙に解けます．すなわち行列 A の各行を横ベクトルと思うと互いに直交 (内積が0) し，A と A の転置行列との積は非対角線成分がすべて0で，対角線成分が $a^2+b^2+c^2+d^2$ になり

$$|A|^2=(a^2+b^2+c^2+d^2)^4,$$
$$|A|=\pm(a^2+b^2+c^2+d^2)^2$$

です．A の主対角線の積は a^4 であり，a^4 は他には現れませんから，ここでの複号は＋であって

$$\text{行列式 } |A|=(a^2+b^2+c^2+d^2)^2 \qquad \cdots(10)$$

です．したがって逆行列は A の転置行列を $a^2+b^2+c^2+d^2$ で割った

$$\frac{1}{a^2+b^2+c^2+d^2}\begin{bmatrix} a & b & c & d \\ -b & a & d & -c \\ -c & -d & a & b \\ -d & c & -b & a \end{bmatrix}$$

です．

こう考えれば暗算で解ける易しい問題ですが，正答率から見て星2個にしました．正直に計算するとかえって符号の誤りなど細かいミスを犯しがちです．

念のために上2行に対するラプラス展開（第3章参照）によって行列式を計算すると次のようになります：

$$\begin{aligned}
\text{行列式} &= \begin{vmatrix} a & -b \\ b & a \end{vmatrix}\begin{vmatrix} a & -b \\ b & a \end{vmatrix} - \begin{vmatrix} a & -c \\ b & -d \end{vmatrix}\begin{vmatrix} d & -b \\ -c & a \end{vmatrix} \\
&\quad + \begin{vmatrix} a & -d \\ b & c \end{vmatrix}\begin{vmatrix} d & a \\ -c & b \end{vmatrix} + \begin{vmatrix} -b & -c \\ a & -d \end{vmatrix}\begin{vmatrix} c & -b \\ d & a \end{vmatrix} \\
&\quad - \begin{vmatrix} -b & -d \\ a & c \end{vmatrix}\begin{vmatrix} c & a \\ d & b \end{vmatrix} + \begin{vmatrix} -c & -d \\ -d & c \end{vmatrix}\begin{vmatrix} c & d \\ d & -c \end{vmatrix} \\
&= (a^2+b^2)^2+(ad-bc)^2+(ac+bd)^2+(ac+bd)^2 \\
&\quad +(ad-bc)^2+(c^2+d^2)^2 \\
&= a^4+b^4+2a^2b^2+2(a^2d^2-2abcd+b^2c^2) \\
&\quad +2(a^2c^2+2abcd+b^2d^2)+c^4+d^4+2c^2d^2 \\
&= a^4+b^4+c^4+d^4 \\
&\quad +2(a^2b^2+a^2c^2+a^2d^2+b^2c^2+b^2d^2+c^2d^2) \\
&= (a^2+b^2+c^2+d^2)^2.
\end{aligned}$$

逆行列を計算するのに小行列式を一つ一つ計算しては大変です．連立一次方程式を解く形にするのがまだしも楽です．その一部を計算すると転置行列になるらしいと気付いて，最初に述べたうまい（ずるい？）解にたどりつけそうです．

9.6 問題6

$a_n=\sum_{k=1}^{n}\log\left(1+\frac{k}{n^2}\right)$ とおくとき，$\lim_{n\to\infty} a_n$ を求めよ．対数 log の底は e とする．　(極限値；★★★)

(解)　結果的に正答率が最低の難問になりました．誤答が余りにも多種多様で，自分で正しく $\frac{1}{2}$ と計算してからでないと採点に自信がもてませんでした．最も目についた誤答は $2\log 2-1$（ないし類似の形）でした．少数ですが e という見当違い（？）な解答もあり，答えが負数の誤答もありました($a_n>0$ に注意)．

この問題は式を変形して求めようとするのは無理で，上下から不等式ではさんで評価するのが賢明です．

補助定理　$x>0$ のとき次の不等式が成立する：

$$x-\frac{x^2}{2}<\log(1+x)<x \qquad \cdots(11)$$

略証　3項とも $x=0$ のとき0に等しく，導関数が

$$1-x<\frac{1}{1+x}<1 \quad (x>0)$$

を満足する．　□

これを使うと，和の各項にについて

$$\frac{k}{n^2}-\frac{k^2}{2n^4}<\log\left(1+\frac{k}{n^2}\right)<\frac{k}{n^2}$$

が成立します．ここで k に関する和をとると

$$\frac{n+1}{2n}-\frac{n(n+1)(2n+1)}{12n^4}<a_n<\frac{n(n+1)}{2n^2},$$

$$右辺=\frac{n+1}{2n}\to\frac{1}{2}.$$

です．左辺は $\dfrac{(n+1)(6n^2-2n-1)}{12n^3}$ とまとめられますが，もとのままでも $n\to\infty$ のときの極限値が 1/2 であることがわかります．両辺とも $n\to\infty$ の極限値が 1/2 なので $\lim_{n\to\infty}a_n=1/2$ です（はさみうちの原理）．

このように考えればそれほど難問とはいえません．要点は (11) に気付くかどうかでしょう．私自身も最初テイラー展開によって答は 1/2 らしいと見当をつけた後で，不等式により上下から評価すればよいと気付いた次第です．

9.7 問題 7

領域 $D=\{(x,\ y)\mid 1\leqq x^2+y^2\leqq 4,\ x\geqq 0,\ y\geqq 0\}$ において

$$\iint_D xy\,dxdy$$

を計算せよ．　　　　　　　　　　（重積分；★）

(解)　答は $\frac{15}{8}$ です．非常に多かった誤答は $\frac{3\pi}{4}$ でした．D の面積 $= \iint_D 1 \cdot dxdy$ と混同したのでしょうか？

直交座標のままでも計算できますが，極座標 $(r,\ \theta)$ に変換すれば，積分域 D（図 9.1）は $\{1 \leqq r \leqq 2,\ \ 0 \leqq \theta \leqq \pi/2\}$ であり

$$
\begin{aligned}
\textbf{積分} &= \int_{\theta=0}^{\frac{\pi}{2}} \int_{r=1}^{2} r\cos\theta \times r\sin\theta \cdot rdrd\theta \\
&= \int_0^{\frac{\pi}{2}} \cos\theta\sin\theta d\theta \times \int_1^2 r^3 dr
\end{aligned}
$$

になります（$1 \leqq r \leqq 4$ と誤ったらしい誤答が散見）．

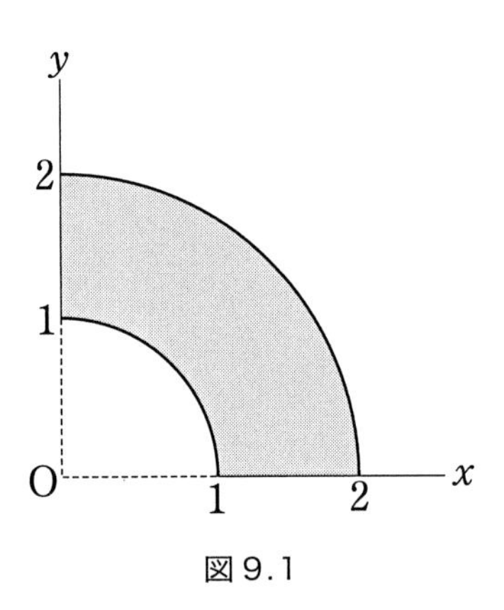

図 9.1

ここで最初の項の定積分は

$$
\frac{1}{2}\int_0^{\frac{\pi}{2}} \sin 2\theta d\theta = \frac{1}{4}(-\cos 2\theta)\Big|_0^{\frac{\pi}{2}} = \frac{1}{2}
$$

です．後の定積分は

$$
\frac{1}{4} r^4 \Big|_1^2 = \frac{15}{4}
$$

です．両者を掛けて $\frac{15}{8}$ をえます．□

9.8 結語

本章の問題はそれまでの検定問題よりも易しい印象で，合格率も上がったようです（それでも 15 %程度？）．但し上述のように個々の問題は易しくても，（1 次検定で）7 題全部を 1 時間で解答するとなると，そう易しくはありません．さらに上記のようにうまい（ずるい？）解法に気づけば簡単だが，オーソドックスに正面から計算すると大変という種類の問題が多いので，やはり多少の練習が必要でしょう．

当初は 2 次（数理）の問題のいくつか，特に完全な解答がなかった問題についても解説する予定でしたが，論じると長くなるので割愛しました．第 0 章でも述べた通り，近年 1 次（計算）検定の問題はかなりパターン化されている印象です．もちろん時代とともに変遷があるので，なるべく近年の問題集（巻末の参考文献）を参照下さい．本書もいくらか参考になれば幸いです．

参考文献

［1］ 日本数学検定協会監修，数学検定問題集，1 級；創育，1998 年初版，2018 年 3 版

［2］ 日本数学検定協会編，実用数学技能検定「数検」発見—1 級攻略—，数検財団，初版，2009 年；改訂第 2 版，2015 年

［3］ 中村力（日本数学検定協会監修），数学検定 1 級：実践演習，森北出版，2012 年

［4］ 中村力（日本数学検定協会監修），数学検定 1 級：出題パターン徹底研究，森北出版，2018 年

［5］ 中村力（日本数学検定協会監修），数学検定 1 級：準拠テキスト—線形代数，森北出版，2016 年

［6］ 中村力（日本数学検定協会監修），数学検定 1 級：準拠テキスト—微分積分，森北出版，2016 年

［7］ 江川博康（日本数学検定協会監修）数学検定 1 級 1 次—線形代数，東京図書，2018 年

［8］ 江川博康（日本数学検定協会監修）数学検定 1 級 1 次—解析・確率統計，東京図書，2018 年

［9］ 一松　信，創作数学演義，現代数学社，2016 年

［10］ 一松　信，続創作数学演義，現代数学社，2019 年

索 引

▶▶▶ あ行

▶▶▶ か行

▶▶▶ さ行

▶▶▶ た行

▶▶▶ な行

▶▶▶ は行

▶▶▶ま行

▶▶▶や行

▶▶▶ら行

著者紹介：

一松　信（ひとつまつ・しん）

1926 年　東京で生まれる

1947 年　東京大学理学部数学科卒業

1969 年　京都大学数理解析研究所教授

1989 年　同上定年退職，東京電機大学理工学部教授

1995 年〜 2003 年　日本数学検定協会会長

2004 年　東京電機大学客員教授退任

2015 年　日本数学会出版賞受賞

京都大学名誉教授，日本数学検定協会名誉会長，理学博士

主要著書

岩波数学公式 I，II，III（岩波書店），解析学序説（新版）上，下（裳華房），

留数解析（共立出版），暗号の数理，四色問題（ともに講談社，ブルーバックス）

数検1級をめざせ　──大学初年級問題解法の手引き

2021 年 2 月 21 日　初版第 1 刷発行

2023 年 4 月 20 日　初版第 2 刷発行

著　者　　一松　信

発行者　　富田　淳

発行所　　株式会社　現代数学社

〒 606-8425 京都市左京区鹿ヶ谷西寺ノ前町 1

TEL 075 (751) 0727　FAX 075 (744) 0906

https://www.gensu.co.jp/

装　幀　　中西真一（株式会社 CANVAS）

印刷・製本　　有限会社 ニシダ印刷製本

ISBN 978-4-7687-0552-0　　2021 Printed in Japan